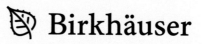

Mathematik Kompakt

Herausgegeben von:

Martin Brokate
Karl-Heinz Hoffmann
Götz Kersting
Otmar Scherzer
Gernot Stroth
Emo Welzl

Die neu konzipierte Lehrbuchreihe *Mathematik Kompakt* ist eine Reaktion auf die Umstellung der Diplomstudiengänge in Mathematik zu Bachelor- und Masterabschlüssen. Ähnlich wie die neuen Studiengänge selbst ist die Reihe modular aufgebaut und als Unterstützung der Dozierenden sowie als Material zum Selbststudium für Studierende gedacht. Der Umfang eines Bandes orientiert sich an der möglichen Stofffülle einer Vorlesung von zwei Semesterwochenstunden. Der Inhalt greift neue Entwicklungen des Faches auf und bezieht auch die Möglichkeiten der neuen Medien mit ein. Viele anwendungsrelevante Beispiele geben den Benutzern Übungsmöglichkeiten. Zusätzlich betont die Reihe Bezüge der Einzeldisziplinen untereinander.

Mit *Mathematik Kompakt* entsteht eine Reihe, die die neuen Studienstrukturen berücksichtigt und für Dozierende und Studierende ein breites Spektrum an Wahlmöglichkeiten bereitstellt.

Analysis I

Christiane Tretter

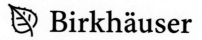

Christiane Tretter
Universität Bern
Mathematisches Institut
Bern, Schweiz

ISBN 978-3-0348-0348-9   ISBN 978-3-0348-0349-6 (eBook)
DOI 10.1007/978-3-0348-0349-6

Bibliografische Information der Deutschen Bibliothek
Die Deutsche Bibliothek verzeichnet diese Publikation in der Deutschen Nationalbibliografie;
detaillierte bibliografische Daten sind im Internet über <http://dnb.ddb.de> abrufbar.

2010 Mathematical Subject Classification: 97Ixx

Satz und Layout: Protago-TEX-Production GmbH, Berlin, www.ptp-berlin.eu
Einbandentwurf: deblik, Berlin

Gedruckt auf säurefreiem Papier.

Springer Basel AG ist Teil der Fachverlagsgruppe Springer Science+Business Media

www.birkhauser-science.com

Vorwort

Aller Anfang ist schwer!   J. W. von Goethe

Am Anfang eines Studiums der Mathematik, der Physik oder auch der Informatik stehen die beiden Vorlesungen „Analysis I" und „Lineare Algebra I". Jeder, der eines dieser Fächer studiert hat, erinnert sich daran, wie schwer dieser Anfang erschien. Aber auch der steilste Anstieg beginnt mit einem ersten Schritt. Dieses Buch und der nachfolgende zweite Band „Analysis II" sollen Ihnen helfen, die ersten Schritte in der Welt der Analysis zu machen.

Auch wenn der Stoff der ersten zwei Analysis-Vorlesungen Standard ist und es zahlreiche gute Bücher zur Einführung gibt, hat die Umstellung von Diplom auf Bachelor und Master zur Folge, dass diese Bücher unter den veränderten Studienbedingungen oft nicht mehr direkt als Vorlesungsvorlage dienen können. Dozierende und Studierende müssen selbst entscheiden, worauf verzichtet werden kann; eine oft nicht einfache Entscheidung, vor allem, weil in der Mathematik alles aufeinander aufbaut!

Das vorliegende Buch umfasst nicht mehr und nicht weniger als den Stoff, der in einer vierstündigen Vorlesung bei einer Semesterdauer von 14 Wochen an der Tafel vorgetragen werden kann. Praktisch erprobt wurde dies in insgesamt vier Vorlesungen „Analysis I" (mit doppelt so vielen Klausuren) innerhalb von 10 Jahren, von denen ich eine an der Universität Bremen und drei an der Universität Bern gehalten habe.

In dieser Zeit konnte ich Erfahrungen mit ganz unterschiedlichen Studierenden sammeln: in Bremen aus der Mathematik einschließlich Lehramt Gymnasium und der Technomathematik, in Bern aus der Mathematik, der Physik, der Informatik sowie aus anderen Fächern, wie z.B. Volkswirtschaft, Philosophie oder Sport, die Mathematik als weiteres Fach im Minor gewählt hatten. Dies war ein Ansporn, die schwierige Materie im Detail und in kleinen Schritten zu erklären.

Bei allen Bemühungen ist es aber in der Mathematik wie beim Klavier Spielen oder beim Ski fahren: Man kann sie nicht passiv durch Zuhören oder Zuschauen erlernen! Lassen Sie sich also nicht täuschen von der schön gedruckten Oberfläche, und fragen Sie sich bei jeder Zeile, warum sie aus dem Vorherigen folgt. Nutzen Sie vor allem jedes Beispiel und jede Übungsaufgabe, um selbst etwas zu machen. Dies gilt ganz besonders für die Übungen, die Sie in Ihrer eigenen Vorlesung erleben werden. Es ist besser (und erfordert mehr Mut!), sich selbst eine Lösung auszudenken und eventuell Fehler zu machen, als eine vermeintlich richtige Lösung unverstanden abzuschreiben.

Es würde mich freuen, wenn dieses Buch, jenseits von ECTS und Prüfungen, Interesse für mehr Mathematik wecken würde. So wie ich als Autorin können auch Sie bei

Themen, die Sie besonders interessieren, von der vielfältigen Auswahl an Analysis I-Büchern und den fantastischen Suchmöglichkeiten im Internet profitieren. An einigen Stellen werden konkrete Literaturhinweise gegeben, ansonsten finden sich, wie bei einem Lehrbuch hoffentlich erlaubt, alle benutzten Materialien global im Literaturverzeichnis. Die historischen Fußnoten sind mit Informationen aus der Online-Datenbank [20] und dem interessanten Buch von T. Sonar [26] entstanden.

Parallel und weiterführend zu diesem Buch sind die Bücher von O. Forster [14], K. Königsberger [19], H. Amann und J. Escher [2], H. Heuser [17] und W. Walter [29] zu empfehlen. Für Studierende, die sich schwer mit dem Abstrakten tun, hat sich das Buch von H. Neunzert et al. [22] bewährt. Für ganz Neugierige oder für später eignen sich die fortgeschrittenen Bücher von W. Rudin [24] und G. Shilov [25]. Für Studierende der Physik sind die Bücher von H. Fischer und H. Kaul [13] und von K. Meyberg und P. Vachenauer [21] eine gute Ergänzung, da sie verschiedene Gebiete der Mathematik gleichzeitig präsentieren. Falls Sie Antworten auf die Frage *„Und was kann man mit Mathematik eigentlich später machen?"* suchen, lohnt sich ein Blick in die beiden Bücher von M. Aigner und E. Behrends [1] sowie [7]. Und ganz wichtig: Spaß und Begeisterung für die Mathematik wecken die Bücher von M. Aigner und G. Ziegler [5] und C. Hesse [16] (letzteres auch als Geschenk für Nicht-Mathematiker!).

Dieses Buch hätte nicht entstehen können ohne die großartige und fortwährende Unterstützung meiner jeweiligen Mitarbeiter und Studenten: Parallel zur Vorlesung in Bremen hat Dr. Dipl. Psych. Ingo Fründ (damals einer der Hörer) die Vorlesungsaufzeichnungen in Latex gesetzt. Mein damaliger Doktorand in Bremen, Dr. Markus Wagenhofer, hat das Skript redigiert und weiter ausgefeilt. In Bern hat meine damalige Postdoktorandin Dr. Monika Winklmeier das Skript stetig in eine immer endgültigere Form gebracht. Beiden danke ich neben ihrem großen Engagement auch für viele professionelle Abbildungen, die den Stoff hoffentlich verständlicher machen. Darüber hinaus haben die Studierenden aus Bremen und Bern und vor allem meine Doktorandin Sabine Bögli mit diversen Listen von Tippfehlern geholfen, selbige auf ein hoffentlich kleines Maß zu reduzieren (ganz wird es wohl nie gelingen!). Schließlich hat meine derzeitige Postdoktorandin Dr. Agnes Radl dieses Buchmanuskript mit großem Sachverstand Korrektur gelesen. Bei allen Beteiligten bedanke ich mich auch für wertvolle inhaltliche Diskussionen!

Mein besonderer Dank gilt auch dem Herausgebergremium der Reihe „Mathematik Kompakt" und Birkhäuser/Springer Basel, vor allem Frau Dr. Barbara Hellriegel und Herrn Dr. Thomas Hempfling, für das Vertrauen, das Sie alle in mich gesetzt haben, und für die verlegerische Unterstützung!

Bern, 30. April 2012   Christiane Tretter

Inhaltsverzeichnis

I Grundlegende Notationen und Beweistypen

Die Formulierung mathematischer Aussagen und ihrer Beweise ist zu Beginn oft sehr ungewohnt. Sie verwendet eine spezielle Sprache und nur streng logische Argumente. Eine Übersicht wichtiger Notationen und Beweistypen kann hier helfen.

■ 1
Mathematische Aussagen

Mengen und Aussagen. Eine Menge M ist die Zusammenfassung unterscheidbarer Objekte, die man Elemente von M nennt. Man schreibt:

$x \in M$ *x ist Element der Menge M.*
$x \notin M$ *x ist kein Element der Menge M.*

Eine Aussage A ist ein Satz, der einen Sachverhalt beschreibt und dem ein Wahrheitswert, wahr (w) oder falsch (f), zugeordnet werden kann.

Quantoren. Ist A eine Aussage und M eine Menge, schreibt man:

$\forall\, x \in M : A$ *Für alle Elemente x der Menge M gilt A.*
$\exists\, x \in M : A$ *Es gibt (mindestens) ein x aus M, für das A gilt.*
$\exists!\, x \in M : A$ *Es gibt genau ein x aus M, für das A gilt.*
$\nexists\, x \in M : A$ *Es gibt kein Element der Menge, für das A gilt.*

Statt $\forall\, x \in M : A$ schreiben wir im Folgenden auch $A,\ x \in M$.

Junktoren und Negation. Sind A und B Aussagen, so bildet man damit die folgenden weiteren Aussagen:

$\neg A$ *A gilt nicht.*
$A \wedge B$ *A und B gelten gleichzeitig.*
$A \vee B$ *A oder B gilt*   (auch beide dürfen gelten).

$A \implies B$ *Aus A folgt B.*
            oder: *A ist hinreichende Bedingung für B.*
            oder: *B ist notwendige Bedingung für A.*

$A \iff B$ *A gilt genau dann, wenn B gilt*   (d.h. $(A \implies B) \wedge (B \implies A)$).

oder: *A und B sind äquivalent.*

oder: *A ist hinreichende und notwendige Bedingung für B.*

Beachte: Wenn A nicht gilt, ist $A \implies B$ immer wahr.

■ 2
Definitionen

Im Unterschied zu Gleichungen und Implikationen schreiben wir bei Definitionen

$:=$ bzw. $:\iff$ *wird definiert als* bzw. *durch*;

die Symbole $=:$ bzw. $\iff:$ bedeuten, dass das definierte Objekt rechts steht.

Beispiel I.1 $\mathbb{N} := \{1, 2, 3, \dots\}$, $n \in \mathbb{N}$ gerade $:\iff \exists\, m \in \mathbb{N}: n = 2m,$

$n \in \mathbb{N}$ ungerade $:\iff \exists\, m \in \mathbb{N}: n = 2m - 1.$

■ 3
Logische Struktur gängiger Beweistypen

Um eine Behauptung $A \implies B$ zu beweisen, gibt es verschiedene Wege. Einige wichtige Beweistypen stellen wir hier vor. Das Beweisende bezeichnet man mit $\square$ (oder auch q.e.d., *quod erat demonstrandum*, lateinisch für „was zu beweisen war").

Direkter Schluss.   Um $A \implies B$ zu zeigen, setze A voraus und folgere daraus B.

Beispiel I.2   Für alle $n \in \mathbb{N}$ gilt: n gerade $\implies n^2$ gerade.

Beweis. n gerade $\implies \exists\, m \in \mathbb{N}: n = 2m \implies n^2 = (2m)^2 = 2 \cdot 2m^2$

$\implies n^2 = 2m'$ mit $m' := 2m^2 \in \mathbb{N} \implies n^2$ ist gerade. $\square$

Beweis des logisch Transponierten.   Um $A \implies B$ zu zeigen, kann man auch $\neg B \implies \neg A$ zeigen. Es gilt nämlich:

$$(A \implies B) \iff (\neg B \implies \neg A).$$

Beispiel I.3   Für alle $n \in \mathbb{N}$ gilt: n^2 gerade $\implies n$ gerade.

Beweis. Zeige dazu: n ungerade $\implies n^2$ ungerade.

n ungerade $\implies \exists\, m \in \mathbb{N}: n = 2m - 1$

$\implies n^2 = (2m-1)^2 = 4m^2 - 4m + 1 = 2(2m^2 - 2m + 1) - 1$

$\implies n^2 = 2m' - 1$ mit $m' := 2m^2 - 2m + 1 \in \mathbb{N} \implies n^2$ ungerade. $\square$

Indirekter Beweis (Widerspruchsbeweis). Um $A \implies B$ zu zeigen, nimmt man an, dass $A \implies B$ nicht gilt, d.h., dass $A \wedge \neg B$ gilt, und zeigt, dass dies auf einen Widerspruch ($\frac{1}{2}$) $C \wedge \neg C$ für eine dritte Aussage C führt.

$$a, b \in \mathbb{R} \implies 2ab \leq a^2 + b^2.$$

Beispiel I.4

Beweis. Angenommen, die Behauptung gilt nicht:

$$2ab > a^2 + b^2 \implies 0 > a^2 + b^2 - 2ab = (a - b)^2 \quad \frac{1}{2}. \qquad \square$$

Beachte: Es reicht nicht zu zeigen, dass aus der Behauptung eine wahre Aussage folgt. So beweist etwa $2ab \leq a^2 + b^2 \implies 0 \leq a^2 + b^2 - 2ab = (a - b)^2$ nicht, dass $2ab \leq a^2 + b^2$ gilt, denn logische Schlüsse müssen nicht umkehrbar sein:

$$-1 = 1 \implies (-1)^2 = 1^2 \quad \text{wahr} \qquad (\text{da} -1 = 1 \text{ nicht gilt}),$$
$$(-1)^2 = 1^2 \implies -1 = 1 \qquad \text{falsch!!!}$$

Vollständige Induktion. Damit kann man zeigen, dass eine Aussage $A(n)$ für alle natürlichen Zahlen $n \in \mathbb{N}$ gilt bzw. für $n \geq n_0$ mit $n_0 \in \mathbb{N}$ (siehe Kapitel 6).

■ 4
Grundlegende mathematische Objekte

Mengen. Für Mengen X, Y schreibt man:

$$X \subset Y \quad :\Longleftrightarrow \quad \forall\, x \in X : x \in Y, \qquad (X \text{ Teilmenge von } Y),$$
$$X = Y \quad :\Longleftrightarrow \quad (X \subset Y) \wedge (Y \subset X),$$

und man definiert bzw. nennt:

$$X \setminus Y := \{x : x \in X \wedge x \notin Y\} \qquad (\textit{Differenz}),$$
$$X \cup Y := \{x : x \in X \vee x \in Y\} \qquad (\textit{Vereinigung}),$$
$$X \cap Y := \{x : x \in X \wedge x \in Y\} \qquad (\textit{Durchschnitt}),$$
$$\varnothing := \{\} \qquad (\textit{leere Menge}; \text{ beachte: } \varnothing \neq \{0\}),$$
$$\mathbb{P}(X) := \{M : M \subset X\} \qquad (\textit{Potenzmenge}),$$
$$X \times Y := \{(x, y) : x \in X,\ y \in Y\} \qquad (\textit{kartesisches Produkt}).$$
$$X, Y \text{ disjunkt} :\Longleftrightarrow X \cap Y = \varnothing \qquad (\text{und schreibt dann } X \mathbin{\dot\cup} Y),$$
$$\#X := \text{Anzahl der Elemente von } X, \text{ falls } X \text{ endlich viele Elemente hat.}$$

Die Potenzmenge ist die Menge aller Teilmengen von X, also eine Menge von Mengen; sie enthält immer $\varnothing$ und X.

Bemerkung I.5

$$X = \{0, 1\} \implies \mathbb{P}(X) = \big\{\varnothing, \{0\}, \{1\}, \{0, 1\}\big\}.$$

Beispiel I.6

Beispiel I.7 Für $X := \{n \in \mathbb{N}: n \text{ gerade}\}$, $Y := \{n \in \mathbb{N}: n \text{ ungerade}\}$ gelten:

$$X \subset \mathbb{N}, \quad Y \subset \mathbb{N}, \quad X \cap Y = \varnothing, \quad X \,\dot\cup\, Y = \mathbb{N},$$
$$\mathbb{N} \times \mathbb{N} = \{(n, k): n, k \in \mathbb{N}\} \quad \textit{(Gitterpunkte im 1. Quadranten)}.$$

Funktionen.   Eine *Funktion* (oder *Abbildung*) zwischen zwei Mengen X und Y ist eine Vorschrift

$$f: X \to Y, \quad x \mapsto f(x),$$

die jedem Element $x \in X$ ein *eindeutiges* $f(x) \in Y$ zuordnet. Man nennt

$$D_f := X \qquad\qquad\qquad\qquad \textit{Definitionsbereich von } f,$$
$$G(f) := \{(x, f(x)): x \in X\} \subset X \times Y \quad \textit{Graph von } f,$$
$$f(X) := \{f(x): x \in X\} \qquad\qquad \textit{Wertebereich von } f.$$

Die Funktion $f: X \to Y$ heißt

injektiv $\quad :\Longleftrightarrow\quad \forall\, x, x' \in X: \big(f(x) = f(x') \implies x = x'\big),$

surjektiv $\quad :\Longleftrightarrow\quad f(X) = Y,$

bijektiv $\quad :\Longleftrightarrow\quad f \text{ injektiv} \wedge f \text{ surjektiv} \iff \forall\, y \in Y \; \exists!\, x \in X: f(x) = y;$

in diesem Fall wird wieder eine Funktion definiert durch

$$f^{-1}: Y \to X, \quad y \mapsto x =: f^{-1}(y) \qquad \textit{(Umkehrfunktion von } f).$$

Bemerkung I.8   Injektivität und Surjektivität hängen von X und Y ab: Ist $\mathbb{R}$ die Menge der reellen Zahlen (siehe Kapitel III, IV) und $\mathbb{R}_0^+ := \{x \in \mathbb{R}: x \geq 0\}$, so ist

$$f: \mathbb{R} \to \mathbb{R}, \quad x \mapsto x^2 \quad \text{weder injektiv noch surjektiv,}$$
$$\widetilde{f}: \mathbb{R}_0^+ \to \mathbb{R}_0^+, \quad x \mapsto x^2 \quad \text{bijektiv.}$$

Für Teilmengen $A \subset X$, $B \subset Y$ setzt man:

$$f\big|_A : A \to Y, \quad f\big|_A(x) := f(x), \; x \in A \quad \textit{(Einschränkung von } f \textit{ auf } A),$$
$$f(A) := \{f(x): x \in A\} \qquad\qquad\quad \textit{(Bild von } A \textit{ unter } f),$$
$$f^{-1}(B) := \{x \in X: f(x) \in B\} \qquad\quad \textit{(Urbild von } B \textit{ unter } f).$$

Sind X, Y, Z Mengen und $f, g: X \to Y, h: Y \to Z$ Funktionen, so definieren wir

$$f \equiv g \quad :\Longleftrightarrow\quad f(x) = g(x), \; x \in X,$$
$$h \circ f: X \to Z, \quad (h \circ f)(x) := h(f(x)), \; x \in X \quad \textit{(Komposition von } h \textit{ mit } f).$$

II Natürliche Zahlen und vollständige Induktion

Die natürlichen Zahlen scheinen uns von Kind auf vertraut. Mathematisch werden $\mathbb{N} = \{1, 2, \ldots\}$ bzw. $\mathbb{N}_0 = \{0, 1, 2, \ldots\}$ durch Axiome eingeführt. Ein *Axiom* ist ein unbeweisbarer Grundsatz, der als wahr angenommen wird. Axiomensysteme müssen widerspruchsfrei sein und möglichst minimal ([30]).

■ 5
Peano-Axiome

Die charakteristischen Eigenschaften der natürlichen Zahlen $\{0, 1, 2, \ldots\} = \mathbb{N}_0$ beruhen auf den folgenden *Axiomen von Peano*[1].

(P1) $0 \in \mathbb{N}_0$,

(P2) $\forall\, n \in \mathbb{N}_0\; \exists!\; \nu(n) \in \mathbb{N}_0$,

(P3) $\forall\, n \in \mathbb{N}_0 : 0 \neq \nu(n)$,

(P4) $\forall\, n, m \in \mathbb{N}_0 : \big(\nu(n) = \nu(m) \implies n = m\big)$,

(P5) $\forall\, M \subset \mathbb{N}_0 : \big(0 \in M \land (n \in M \implies \nu(n) \in M)\big) \implies M = \mathbb{N}_0$.

Axiom (P5) wird *Induktionsprinzip* genannt. Für $n \in \mathbb{N}$ heißt die Zahl $\nu(n)$ der *Nachfolger von n*. Nach (P4) und (P5) ist die Abbildung $\nu \colon \mathbb{N}_0 \to \mathbb{N}_0 \setminus \{0\}$ bijektiv.

Mittels der Abbildung ν und der Axiome (P3), (P4) definieren wir nun die Menge der natürlichen Zahlen $1, 2, 3, \ldots$ und darauf eine Addition $+$, eine Multiplikation $\cdot$ sowie eine Vergleichsrelation $\leq$.

Definition II.1

(i) Definiere die *Menge der natürlichen Zahlen* $\mathbb{N} := \{1, 2, \ldots\}$ als
$$1 := \nu(0), \quad 2 := \nu(1) = \nu(\nu(0)), \quad \ldots.$$

(ii) Für $n, m \in \mathbb{N}_0 := \mathbb{N} \cup \{0\}$ definiere $n + m$ und $n \cdot m$ sukzessive durch
$$n + 0 := n,$$
$$n + 1 := \nu(n),$$

---

[1] GIUSEPPE PEANO, ∗ 27. August 1858 in Spinetta, Piemont, 20. April 1932 in Turin, italienischer Mathematiker, der sich vor allem mit mathematischer Logik, der Axiomatik der natürlichen Zahlen und mit Differentialgleichungen erster Ordnung beschäftigte.

$$n + (m + 1) := (n + m) + 1, \ n, m \in \mathbb{N}_0 \quad (\text{z.B. } n + 2 := (n + 1) + 1 \text{ usw.}),$$
$$n \cdot 0 := 0,$$
$$n \cdot 1 := n,$$
$$n \cdot (m + 1) := (n \cdot m) + n.$$

(iii) Für $n, m \in \mathbb{N}_0$ definiere

$$n \leq m \ :\Longleftrightarrow \ m \geq n \ :\Longleftrightarrow \ \exists \, d \in \mathbb{N}_0 \colon n + d = m;$$

man sagt dann, n ist *kleiner gleich* m oder m ist *größer gleich* n.

Bemerkung II.2

– Addition $+$ und Multiplikation $\cdot$ sind assoziativ und kommutativ mit neutralen Elementen 0 bzw. 1 sowie distributiv (vgl. Kapitel III).

– Die Zahl d in (iii) ist eindeutig und heißt *Differenz von m und n*; man schreibt

$$m - n := d.$$

Die Menge der natürlichen Zahlen hat einige wichtige Eigenschaften, die hier nicht bewiesen werden sollen (für die Beweise siehe z.B. [19]).

Satz II.3

Euklidischer Algorithmus, Division mit Rest. *Zu jedem $m \in \mathbb{N}$ und $n \in \mathbb{N}_0$ existieren eindeutige $k, l \in \mathbb{N}_0, l < m$, mit*

$$n = k \cdot m + l.$$

Satz II.4

Wohlordnungssatz. *Jede nichtleere Teilmenge von $\mathbb{N}_0$ besitzt ein kleinstes Element, d.h.*

$$\forall \, M \subset \mathbb{N}_0, M \neq \varnothing, \ \exists \, m_0 \in M \colon \left(\forall \, m \in M \colon m_0 \leq m \right).$$

Satz II.5

Die Menge der natürlichen Zahlen ist nicht nach oben beschränkt, d.h.

$$\nexists \, N \in \mathbb{N}_0 \colon \left(\forall \, n \in \mathbb{N}_0 \colon n \leq N \right).$$

■ 6
Vollständige Induktion

Weil es unendlich viele natürliche Zahlen gibt, kann man eine Aussage $A(n)$ für alle natürlichen Zahlen $n \in \mathbb{N}_0$ nicht durch das sukzessive Zeigen von $A(1), A(2), \dots$ beweisen. Hier braucht man das Prinzip der vollständigen Induktion.

Um eine Aussage $A(n)$ für alle $n \in \mathbb{N}_0, n \geq n_0$, ab einem festen $n_0 \in \mathbb{N}_0$ zu beweisen, reicht es nämlich nach Axiom (P5), zwei Behauptungen zu zeigen:

(i) *Induktionsanfang*: Zeige $A(n_0)$.

(ii) *Induktionsschritt*: Zeige für beliebiges $n \in \mathbb{N}_0, n \geq n_0$: $A(n) \implies A(n + 1)$.

Man wendet dazu (P5) auf die Menge $M := \{k \in \mathbb{N}_0 : A(n_0 + k) \text{ gilt}\}$ an.

Im Induktionsschritt nennt man $A(n)$ *Induktionsvoraussetzung* und $A(n + 1)$ *Induktionsbehauptung*. Für (I) schreiben wir auch $\underline{n = n_0}$ und für (II) $\underline{n \rightsquigarrow n + 1}$.

Formeln für Summen und Produkte beweist man oft mit vollständiger Induktion. Zum Einstieg formulieren wir den ersten Induktionsbeweis ganz ausführlich.

Bezeichnung. Für $m, n \in \mathbb{N}$, $m \leq n$, und Zahlen $a_m, a_{m+1}, a_{m+2}, \ldots, a_n$ setze

$$\sum_{k=m}^{n} a_k := a_m + a_{m+1} + \ldots + a_n, \quad \prod_{k=m}^{n} a_k := a_m \cdot a_{m+1} \cdot \ldots \cdot a_n;$$

für $m > n$ benutzt man die Konventionen

$$\sum_{k=m}^{n} a_k := 0, \quad \prod_{k=m}^{n} a_k := 1.$$

$$\sum_{k=1}^{n} k = 1 + 2 + \cdots + n = \frac{1}{2}n(n + 1), \quad n \in \mathbb{N}.$$

Satz II.6

Beweis (durch vollständige Induktion nach n, $n_0 = 1$).

(I) *Induktionsanfang* $\underline{n = 1}$: $\displaystyle\sum_{k=1}^{1} k = 1 = \frac{1}{2}1(1 + 1)$.

(II) *Induktionsschritt* $\underline{n \rightsquigarrow n + 1}$, $n \in \mathbb{N}$ beliebig: Wir zeigen nun, dass aus $A(n)$ die Behauptung $A(n + 1)$ folgt. Dazu formulieren wir beide Aussagen explizit:

Induktionsvoraussetzung: $\displaystyle\sum_{k=1}^{n} k = \frac{1}{2}n(n + 1)$.   (Aussage $A(n)$)

Induktionsbehauptung: $\displaystyle\sum_{k=1}^{n+1} k = \frac{1}{2}(n + 1)(n + 2)$.   (Aussage $A(n + 1)$)

Wir folgern nun mittels Induktionsvoraussetzung die Induktionsbehauptung:

$$\sum_{k=1}^{n+1} k = \left(\sum_{k=1}^{n} k\right) + (n + 1) \overset{\text{Ind.vor.}}{=} \frac{1}{2}n(n + 1) + (n + 1)$$

$$= \left(\frac{1}{2}n + 1\right)(n + 1) = \frac{1}{2}(n + 2)(n + 1). \qquad \square$$

Die Menge $\mathbb{R}$ der reellen Zahlen wird erst in Abschnitt IV.13 eingeführt. Wir benutzen sie hier vorab für einige weitere wichtige Beispiele.

Geometrische Summenformel. *Für alle reellen $x \in \mathbb{R}$ mit $x \neq 1$ gilt*

Satz II.7

$$\sum_{k=0}^{n} x^k = 1 + x + \cdots + x^n = \frac{1 - x^{n+1}}{1 - x}.$$

Beweis (*durch vollständige Induktion nach n, $n_0 = 0$*).

$\underline{n = 0}$: $\displaystyle\sum_{k=0}^{0} x^k = 1 = \frac{1-x}{1-x}.$

$\underline{n \rightsquigarrow n+1}$: $\displaystyle\sum_{k=0}^{n+1} x^k = \sum_{k=0}^{n} x^k + x^{n+1} \overset{\text{Ind.vor.}}{=} \frac{1-x^{n+1}}{1-x} + x^{n+1}$

$$= \frac{1-x^{n+1} + (1-x)x^{n+1}}{1-x} = \frac{1-x^{n+2}}{1-x}. \qquad \square$$

Proposition II.8 $2^n > n^2, \quad n \in \mathbb{N}, \; n \geq 5.$

Beweis (*durch vollständige Induktion nach n, $n_0 = 5$*).

$\underline{n = 5}$: $2^5 = 32 > 25 = 5^2.$

$\underline{n \rightsquigarrow n+1}$ $(n \geq 5)$: Nach Induktionsvoraussetzung ist $2^{n+1} = 2 \cdot 2^n > 2\,n^2$. Für $n \geq 3$ gilt $n^2 - 2n + 1 = (n-1)^2 \geq 2$, also $n^2 \geq 2n+1$. Damit folgt insgesamt

$$2^{n+1} > 2\,n^2 = n^2 + n^2 \geq n^2 + 2n + 1 = (n+1)^2. \qquad \square$$

Bemerkung II.9   Der Induktionsschritt kann wie folgt modifiziert werden:

(II') Zeige für beliebiges $n \in \mathbb{N}_0, n \geq n_0$: $\big(\forall\, k = n_0, \dots, n : A(k)\big) \implies A(n+1).$

Im Vergleich zu (II) darf man hier außer $A(n)$ auch alle vorherigen Aussagen $A(n_0)$, $A(n_0 + 1), \dots, A(n-1)$ zum Beweis von $A(n+1)$ benutzen.

Außer für den Beweis durch vollständige Induktion benutzt man das Induktionsprinzip noch für die *rekursive Definition* (Definition durch vollständige Induktion):

Um jedem $n \in \mathbb{N}_0, \; n \geq n_0$, ein Element $f(n)$ einer Menge X zuzuordnen, reicht es nach dem Induktionsprinzip

(I) $f(n_0)$ anzugeben und

(II) für jedes $n \in \mathbb{N}_0, \; n \geq n_0$, eine Vorschrift

$$f(n+1) = F\big(f(n_0), f(n_0 + 1), \dots, f(n)\big).$$

Beispiel   Für eine reelle Zahl $x \in \mathbb{R}$ definiert man die Potenzen x^n, $n \in \mathbb{N}_0$, durch

(I) $x^0 := 1,$

(II) $x^{n+1} := x \cdot x^n, \quad n \in \mathbb{N}_0.$

■ 7
Fakultät und Binomialkoeffizienten

In der Wahrscheinlichkeitstheorie spielt die Frage eine Rolle, auf wie viele Weisen man n verschiedene Elemente einer Menge anordnen oder k daraus auswählen kann. Dazu braucht man:

Für $n \in \mathbb{N}_0$ definieren wir $n! \in \mathbb{N}$ (gesprochen „n *Fakultät*") durch

$$n! := \prod_{k=1}^{n} k = 1 \cdot 2 \cdot \ldots \cdot n$$

oder, äquivalent dazu, rekursiv durch

 (I) $0! := 1$,

 (II) $(n + 1)! := (n + 1) \cdot n!$, $n \in \mathbb{N}_0$.

Definition II.10

$1! = 1$, $2! = 2$, $3! = 6$, $4! = 24$, $\ldots$, $10! = 3\,628\,800$ wird schnell groß!

Beispiel

Es sei $n \in \mathbb{N}$ und M eine Menge mit n Elementen. Eine *Anordnung* von M ist eine bijektive Abbildung von M nach $\{1, 2, \ldots, n\}$, eine *Permutation* von M ist eine bijektive Abbildung von M in sich.

Definition II.11

  – $M = \{a\}$ besitzt 1 Anordnung $a \mapsto 1$ (kurz a),
      1 Permutation $a \mapsto a$;

  – $M = \{a, b\}$ besitzt
   2 Anordnungen $a \mapsto 1$, $b \mapsto 2$ und $a \mapsto 2$, $b \mapsto 1$ (kurz ab und ba),
   2 Permutationen $a \mapsto a$, $b \mapsto b$ und $a \mapsto b$, $b \mapsto a$.

Beispiel

Die Anzahl der Anordnungen (Permutationen) einer Menge mit n verschiedenen Elementen ist gleich n!.

Satz II.12

Beweis (durch vollständige Induktion nach n, $n_0 = 1$).

<u>$n = 1$</u>: Es gibt genau eine Anordnung eines Elements, siehe Beispiel oben.

<u>$n \rightsquigarrow n + 1$</u>: Es sei M eine Menge mit $n+1$ verschiedenen Elementen. Fixiere eines davon, bezeichnet mit x. Die Anzahl der Anordnungen von M, die x an der 1. Stelle haben, ist nach Induktionsvoraussetzung $n!$. Für die Auswahl von x gibt es $n + 1$ Möglichkeiten, also gibt es $(n + 1) \cdot n! = (n + 1)!$ Anordnungen von M. $\square$

Definition II.13   Für $k,\ n \in \mathbb{N}_0,\ k \le n$, heißt

$$\binom{n}{k} := \frac{n!}{k!\,(n-k)!}$$

Binomialkoeffizient (gesprochen „n über k", „k aus n" oder „n tief k").

Aus der Definition folgt sofort, dass für $k,\ n \in \mathbb{N}_0,\ k \le n$,

$$\binom{n}{k} = \binom{n}{n-k}, \quad \binom{n}{0} = \binom{n}{n} = 1$$

gilt. Außerdem gibt es eine nützliche Additionsregel für Binomialkoeffizienten:

Proposition II.14 $\displaystyle \binom{n-1}{k-1} + \binom{n-1}{k} = \binom{n}{k}, \quad k,\ n \in \mathbb{N},\ k \le n-1.$

Beweis. Nach Definition II.13 der Binomialkoeffizienten folgt

$$\binom{n-1}{k-1} + \binom{n-1}{k} = \frac{(n-1)!}{(k-1)!\,(n-1-(k-1))!} + \frac{(n-1)!}{k!\,(n-1-k)!}$$

$$= \frac{(n-1)!}{(k-1)!\,(n-1-k)!} \underbrace{\left(\frac{1}{n-k} + \frac{1}{k} \right)}_{=\frac{n}{k(n-k)}}$$

$$= \frac{n!}{k!\,(n-k)!} = \binom{n}{k}. \qquad \square$$

Nach Definition II.13 sind Binomialkoeffizienten scheinbar rationale Zahlen. Eine kombinatorische Überlegung zeigt, dass sie tatsächlich natürliche Zahlen sind:

Satz II.15   *Die Anzahl der k–elementigen Teilmengen einer n–elementigen Menge ist gleich $\displaystyle \binom{n}{k}$; insbesondere ist $\displaystyle \binom{n}{k} \in \mathbb{N}$.*

Beweis (durch vollständige Induktion nach n, $n_0 = 0$). Zu zeigen ist, dass für alle $n \in \mathbb{N}$ für eine beliebige n–elementige Menge M gilt:

$$C_k^n := \#\{N \subset M : \#N = k\} = \binom{n}{k}, \quad k = 0, 1, \ldots, n.$$

$\underline{n = 0}$: Die einzige Teilmenge von $M = \varnothing$ ist $N = \varnothing$, also ist $C_0^0 = 1 = \binom{0}{0}$.

$\underline{n \rightsquigarrow n+1}$: Es sei $k \in \{0, 1, \ldots, n+1\}$. Für $k = n+1$ ist M die einzige $(n+1)$-elementige Teilmenge von M, also $C_{n+1}^{n+1} = 1 = \binom{n+1}{n+1}$. Für $k \le n$ fixiere ein $x \in M$ und zerlege

$$\underbrace{\{N \subset M : \#N = k\}}_{=:\mathcal{N}} = \underbrace{\{N \subset M : \#N = k,\ x \in N\}}_{=:\mathcal{N}_1} \cup \underbrace{\{N \subset M : \#N = k,\ x \notin N\}}_{=:\mathcal{N}_2}.$$

Da $k \le n$ ist, liefert die Induktionsvoraussetzung $\#\mathcal{N}_1 = \binom{n}{k-1}$, $\#\mathcal{N}_2 = \binom{n}{k}$. Weil $\mathcal{N}_1 \cap \mathcal{N}_2 = \varnothing$, folgt dann mit der Additionsregel für Binomialkoeffizienten

$$C_k^{n+1} = \#\mathcal{N} = \#\mathcal{N}_1 + \#\mathcal{N}_2 = \binom{n}{k-1} + \binom{n}{k} \overset{\text{Prop. II.14}}{=} \binom{n+1}{k}. \qquad \square$$

Beispiel

„6 aus 49": Die Anzahl der Möglichkeiten, 6 Zahlen aus den Zahlen 1 bis 49 auszuwählen, ist

$$\binom{49}{6} = \frac{49!}{6!\,43!} = \frac{49 \cdot 48 \cdot 47 \cdot 46 \cdot 45 \cdot 44}{1 \cdot 2 \cdot 3 \cdot 4 \cdot 5 \cdot 6} = 13\,983\,816,$$

die Chance auf einen „Sechser" im Lotto ist also nur ca. 1 : 14 Millionen!

Binomialkoeffizienten sind auch sehr nützlich, um die n-te Potenz einer Summe zweier Zahlen auszurechnen; der Fall $n = 2$ ist sicher der bekannteste.

Satz II.16

Binomischer Lehrsatz. *Für alle reellen x, $y \in \mathbb{R}$ und $n \in \mathbb{N}_0$ ist*

$$(x + y)^n = \sum_{k=0}^{n} \binom{n}{k} x^k y^{n-k}.$$

Beweis (durch vollständige Induktion nach n, $n_0 = 0$).

$\underline{n = 0}$: Nach Definition der Potenzen gilt $(x + y)^0 = 1 = \binom{0}{0} x^0 y^0$.

$\underline{n \rightsquigarrow n + 1}$: Nach Induktionsvoraussetzung ist

$$(x + y)^{n+1} = (x + y) \cdot (x + y)^n = (x + y) \sum_{k=0}^{n} \binom{n}{k} x^k y^{n-k}$$

$$= \sum_{k=0}^{n} \binom{n}{k} x^{k+1} y^{n-k} + \sum_{k=0}^{n} \binom{n}{k} x^k y^{n-k+1}.$$

Benutzen wir in der ersten Summe die Indexverschiebung $k \rightsquigarrow k - 1$ und dann das Additionsgesetz für Binomialkoeffizienten, ergibt sich

$$(x + y)^{n+1} = \sum_{k=1}^{n+1} \binom{n}{k-1} x^k y^{n-(k-1)} + \sum_{k=0}^{n} \binom{n}{k} x^k y^{n-(k-1)}$$

$$= x^{n+1} + \sum_{k=1}^{n} \underbrace{\left(\binom{n}{k-1} + \binom{n}{k} \right)}_{=\binom{n+1}{k} \text{ nach Prop. II.14}} x^k y^{n+1-k} + y^{n+1}$$

$$= \sum_{k=0}^{n+1} \binom{n+1}{k} x^k y^{n+1-k}. \qquad \square$$

Speziell für $x = y = 1$ und $x = -1, y = 1$ erhält man aus Satz II.16 sofort:

Korollar II.17

$$\sum_{k=0}^{n} \binom{n}{k} = 2^n, n \in \mathbb{N}_0; \qquad \sum_{k=0}^{n} (-1)^k \binom{n}{k} = 0, n \in \mathbb{N}.$$

Bemerkung II.18 *Die Koeffizienten der Potenzen von x und y in*

$$(x + y)^0 = 1,$$
$$(x + y)^1 = x + y,$$
$$(x + y)^2 = x^2 + 2xy + y^2,$$
$$(x + y)^3 = x^3 + 3x^2y + 3xy^2 + y^3,$$
$$(x + y)^4 = x^4 + 4x^3y + 6x^2y^2 + 4xy^3 + y^4,$$
$$(x + y)^5 = x^5 + 5x^4y + 10x^3y^2 + 10x^2y^3 + 5xy^4 + y^5, \quad \ldots$$

kann man praktisch im sog. Pascalschen[2] *Dreieck anordnen:*

$$
\begin{array}{c}
1 \\
1 \quad 1 \\
1 \quad 2 \quad 1 \\
1 \quad 3 \quad 3 \quad 1 \\
1 \quad 4 \quad 6 \quad 4 \quad 1 \\
1 \quad 5 \quad 10 \quad 10 \quad 5 \quad 1 \\
\ldots \ldots \ldots \ldots \ldots \ldots \ldots
\end{array}
\qquad
\begin{array}{c}
\binom{n-1}{k-1} + \binom{n-1}{k} \\[2ex]
= \binom{n}{k}
\end{array}
$$

Wegen des Additionsgesetzes für Binomialkoeffizienten aus Proposition II.14 ist jede Zahl im Innern des Dreiecks die Summe der beiden darüber stehenden Zahlen.

Übungsaufgaben

II.1. Beweise für $n \in \mathbb{N}$ die Summenformeln:

$$a) \sum_{k=1}^{n} k^3 = \frac{n^2(n+1)^2}{4}, \qquad b) \sum_{k=1}^{2n} (-1)^{k+1} \frac{1}{k} = \sum_{k=1}^{n} \frac{1}{n+k}.$$

II.2. Zeige, dass für jedes $n \in \mathbb{N}$ die Zahl $4^{2n+1} + 3^{n+2}$ durch 13 teilbar ist.

II.3. Finde und beweise eine Summenformel für

$$\sum_{k=1}^{n} \frac{1}{k(k+1)} = \frac{1}{1 \cdot 2} + \frac{1}{2 \cdot 3} + \frac{1}{3 \cdot 4} + \ldots + \frac{1}{n(n+1)}, \quad n \in \mathbb{N}.$$

II.4. Beweise, dass für alle $n, k \in \mathbb{N}$

$$\sum_{j=0}^{k} \binom{n+j}{j} = \binom{n+1+k}{k}.$$

Was bedeutet diese Formel im Pascalschen Dreieck?

---

[2] Blaise Pascal, ∗ 19. Juni 1623 in Clermont-Ferrand, 19. August 1662 in Paris, französischer Mathematiker und Philosoph, der in Korrespondenz mit Fermat die Grundlagen der Wahrscheinlichkeitstheorie legte.

III Reelle Zahlen

Die Forderung nach der Lösbarkeit gewisser Gleichungen motiviert die Erweiterung der Menge der natürlichen Zahlen, in diesem Kapitel zunächst auf die ganzen Zahlen, die rationalen Zahlen und die reellen Zahlen.

Problem in $\mathbb{N}_0$: Die Gleichung $a + x = b$ mit $a, b \in \mathbb{N}_0$ muss keine Lösung $x \in \mathbb{N}_0$ haben, z. B.

$$x + 1 = 0 \implies x \notin \mathbb{N}_0.$$

Für $n \in \mathbb{N}$ definiert man daher $-n$ als die Lösung der Gleichung $x + n = 0$ und

$$\mathbb{Z} := \{\pm n : n \in \mathbb{N}_0\} \quad \text{(ganze Zahlen)}.$$

Problem in $\mathbb{Z}$: Die Gleichung $a \cdot x = b$ mit $a, b \in \mathbb{Z}$ muss keine Lösung $x \in \mathbb{Z}$ haben, z. B.

$$2 \cdot x = 1 \implies x \notin \mathbb{Z}.$$

Für $p, q \in \mathbb{Z}$, $q \neq 0$ definiert man $\dfrac{p}{q}$ als die Lösung der Gleichung $x \cdot q = p$ und

$$\mathbb{Q} := \left\{ \frac{p}{q} : p, q \in \mathbb{Z},\ q \neq 0 \right\} \quad \text{(rationale Zahlen)}.$$

Problem in $\mathbb{Q}$: Die Gleichung $x^2 = a$ mit $a \in \mathbb{Q}$ muss keine Lösung $x \in \mathbb{Q}$ haben, z. B.

$$x^2 = 2 \implies x \notin \mathbb{Q}.$$

Die Lösungen solcher Gleichungen nennt man *algebraische Zahlen* ([27, S. 36]).

Noch allgemeiner definiert man als Erweiterung der algebraischen Zahlen die Menge der reellen Zahlen $\mathbb{R}$, deren Konstruktion nicht-trivial ist (siehe Kapitel IV).

Im Folgenden untersuchen wir zunächst die drei Eigenschaften, die $\mathbb{R}$ charakterisieren: *Körperstruktur*, *Anordnung* und *Vollständigkeit*.

■ 8
Körperstruktur

Die uns geläufigen Rechenregeln für die Addition und Multiplikation von Zahlen lassen sich alle aus den folgenden Körperaxiomen herleiten.

Definition III.1   Ein *Körper* $(K, +, \cdot)$ ist eine Menge K, $\#K \geq 2$, mit zwei Verknüpfungen

$$+\colon K \times K \to K, \quad (x, y) \mapsto x + y,$$
$$\cdot\colon K \times K \to K, \quad (x, y) \mapsto x \cdot y,$$

die folgende Axiome erfüllen:

Axiome der Addition:

(A1) $x + (y + z) = (x + y) + z$, $\quad x, y, z \in K$ $\quad$ (*Assoziativität*),

(A2) $x + y = y + x$, $\quad x, y \in K$ $\qquad\qquad$ (*Kommutativität*),

(A3) $\exists\, 0 \in K \colon x + 0 = x$, $\quad x \in K$ $\qquad$ (*Existenz des neutralen Elements* 0),

(A4) $\forall\, x \in K\ \exists -x \in K \colon x + (-x) = 0$ $\quad$ (*Existenz des inversen Elements*);
$\qquad$ man definiert damit $x - y := x + (-y)$, $\quad x, y \in K$.

Axiome der Multiplikation:

(M1) $x \cdot (y \cdot z) = (x \cdot y) \cdot z$, $\quad x, y, z \in K$ $\qquad$ (*Assoziativität*),

(M2) $x \cdot y = y \cdot x$, $\quad x, y \in K$ $\qquad\qquad\quad$ (*Kommutativität*),

(M3) $\exists\, 1 \in K \colon x \cdot 1 = x$, $\quad x \in K$ $\qquad\quad$ (*Existenz des neutralen Elements* 1),

(M4) $\forall\, x \in K,\ x \neq 0,\ \exists\, x^{-1} \in K \colon x \cdot x^{-1} = 1$ $\quad$ (*Existenz des inversen Elements*);
$\qquad$ man definiert damit $\dfrac{x}{y} := x \cdot y^{-1}$, $\quad x, y \in K,\ y \neq 0$.

Distributivgesetz:

(D) $x \cdot (y + z) = x \cdot y + x \cdot z$, $\quad x, y, z \in K$.

Die Axiome (A1) bis (A4) bzw. (M1) bis (M4) kann man kurz auch so formulieren: $(K, +)$ und $(K \setminus \{0\}, \cdot)$ bilden jeweils eine abelsche Gruppe (siehe [12, 1.2]).

Beispiele
- $(\mathbb{Q}, +, \cdot)$ ist ein Körper;
- $(\mathbb{R}, +, \cdot)$ ist ein Körper (siehe Kapitel IV);
- $(\mathbb{Z}, +, \cdot)$ ist kein Körper, da (M4) verletzt ist;
- $(\mathbb{N}, +, \cdot)$ ist erst recht kein Körper, weil (M4) und (A4) nicht gelten;
- $(\mathbb{F}_2, +, \cdot)$ mit $\mathbb{F}_2 = \{0, 1\}$ und $+,\ \cdot$ definiert durch

+	0	1
0	0	1
1	1	0

$\cdot$	0	1
0	0	0
1	0	1

$\qquad$ ist ein Körper (der kleinstmögliche).

Aus den Körperaxiomen ergeben sich eine Reihe von Folgerungen und Rechenregeln in Körpern. Viele erscheinen vom Rechnen mit Zahlen her selbstverständlich, sind es aber z. B. im Körper $\mathbb{F}_2$ schon weniger:

Es sei $(K, +, \cdot)$ ein Körper. Dann gelten: **Proposition III.2**

   (i) *0 und 1 sind eindeutig.*

  (ii) $-x$ *und* x^{-1} *sind zu jedem* $x \in K$ *eindeutig bestimmt.*

 (iii) $-0 = 0.$

 (iv) *Die Gleichung* $a + x = b$ *mit* $a, b \in K$ *hat in* K *die eindeutige Lösung* $x = b - a.$

  (v) $-(-x) = x, \quad x \in K.$

 (vi) $-(x + y) = -x - y, \quad x, y \in K.$

(vii) *Die Gleichung* $a \cdot x = b$ *mit* $a, b \in K$, $a \neq 0$, *hat in* K *die eindeutige Lösung*
$$x = a^{-1} \cdot b = \frac{b}{a}.$$

(viii) $(x + y) \cdot z = x \cdot z + y \cdot z, \quad x, y, z \in K.$

 (ix) $x \cdot 0 = 0 \cdot x = 0, \quad x \in K.$

  (x) $x \cdot y = 0 \iff x = 0 \lor y = 0, \quad x, y \in K.$

 (xi) $(-x) \cdot y = -(x \cdot y), \quad x, y \in K.$

(xii) $(-x) \cdot (-y) = x \cdot y, \quad x, y \in K.$

(xiii) $(x^{-1})^{-1} = x, \quad x \in K, \ x \neq 0.$

(xiv) $(x \cdot y)^{-1} = x^{-1} \cdot y^{-1}, \quad x, y \in K, \quad x, y \neq 0.$

Beweis. Wir beweisen beispielhaft einige der Behauptungen:
(i) *Eindeutigkeit der* 0: Es sei $0' \in K$ mit

$$x + 0' = x, \quad x \in K.$$

Speziell für $x = 0$ folgt $0 + 0' = 0$. Nach (A3) mit $x = 0'$ ist $0' + 0 = 0'$, also

$$0 = 0 + 0' \stackrel{(A2)}{=} 0' + 0 = 0'.$$

(iv) *Existenz der Lösung:* $x = b - a$ ist Lösung von $a + x = b$, denn es gilt

$$a + (b - a) \stackrel{(A2)}{=} a + (-a + b) \stackrel{(A1)}{=} \underbrace{(a + (-a))}_{=0 \text{ nach (A4)}} + b = 0 + b \stackrel{(A2)}{=} b + 0 \stackrel{(A3)}{=} b.$$

Eindeutigkeit der Lösung: Angenommen, $x' \in K$ erfüllt $a + x' = b$. Dann gilt

$$x' \stackrel{(A3),(A2)}{=} 0 + x' \stackrel{(A2),(A4)}{=} (-a + a) + x' \stackrel{(A1)}{=} -a + (a + x') = -a + b \stackrel{(A2)}{=} b - a.$$

(ix) Für $x \in K$ gilt

$$x \cdot 0 + x \cdot 0 \stackrel{(D)}{=} x \cdot (0 + 0) \stackrel{(A3)}{=} x \cdot 0 \stackrel{(A3)}{=} x \cdot 0 + 0.$$

Wegen der Eindeutigkeit in (iv) folgt $x \cdot 0 = 0$ und nach (M2) dann $0 \cdot x = x \cdot 0 = 0$.

(x) „ $\Longrightarrow$ ": Angenommen, es gilt $x \cdot y = 0$ und $x \neq 0$ (analog für $y \neq 0$). Dann ist nach (M2) auch $y \cdot x = 0$, und es folgt

$$y \overset{(M3)}{=} y \cdot 1 \overset{(M4)}{=} y \cdot (x \cdot x^{-1}) \overset{(M1)}{=} (y \cdot x) \cdot x^{-1} = 0 \cdot x^{-1} \overset{(ix)}{=} 0.$$

„$\Longleftarrow$": Aus $x = 0 \ \vee \ y = 0$ folgt $x \cdot y = 0$ mit (ix). $\square$

Definition III.3   Ist K ein Körper, definiere für $x \in K$ die ganzzahligen Potenzen

$$x^0 := 1,$$
$$x^n := x \cdot x^{n-1}, \quad n \in \mathbb{N},$$
$$x^{-n} := (x^{-1})^n, \quad n \in \mathbb{N}.$$

Proposition III.4   *Es sei K ein Körper. Dann gelten für $x, y \in K$ und $n, m \in \mathbb{Z}$:*

(i) $x^n \cdot x^m = x^{n+m}$,

(ii) $(x^n)^m = x^{n \cdot m}$,

(iii) $(x \cdot y)^n = x^n \cdot y^n$.

Beweis. Wir beweisen z.B. (iii). Für $n \in \mathbb{N}_0$ benutzen wir vollständige Induktion:

$\underline{n = 0}$: Nach Definition III.3 und (M3) gilt:

$$(x \cdot y)^0 = 1 = 1 \cdot 1 = x^0 \cdot y^0.$$

$\underline{n \rightsquigarrow n + 1}$: Nach Definition III.3 und Induktionsvoraussetzung gilt:

$$x^{n+1} \cdot y^{n+1} = (x \cdot x^n) \cdot (y \cdot y^n) \overset{(M1),(M2)}{=} (x \cdot y) \cdot \underbrace{(x^n \cdot y^n)}_{=(x \cdot y)^n} = (x \cdot y) \cdot (x \cdot y)^n$$
$$= (x \cdot y)^{n+1}.$$

Ist $-n \in \mathbb{N}$, so ist nach Definition III.3, Proposition III.2 (xiv) und der bereits bewiesenen Behauptung, angewendet auf $-n$:

$$x^n \cdot y^n \overset{(ii)}{=} \left(x^{-1}\right)^{-n} \cdot \left(y^{-1}\right)^{-n} = \left(x^{-1} \cdot y^{-1}\right)^{-n} = \left((x \cdot y)^{-1}\right)^{-n} \overset{(ii)}{=} (x \cdot y)^n.$$ $\square$

■ 9
Anordnungsaxiome

Aus dem Alltag sind wir gewohnt, Zahlen miteinander vergleichen zu können. Bei allgemeinen Körpern ist das nicht immer möglich:

Ein Körper $(K, +, \cdot)$ heißt *angeordnet*, wenn darauf eine Eigenschaft *positiv* (> 0) **Definition III.5**
definiert ist, die die folgenden Axiome erfüllt:

(AO1) Für alle $x \in K$ gilt *genau* eine der Eigenschaften $x > 0, x = 0$ oder $-x > 0$.

(AO2) $x > 0 \wedge y > 0 \implies x + y > 0, \quad x, y \in K.$

(AO3) $x > 0 \wedge y > 0 \implies x \cdot y > 0, \quad x, y \in K.$

Für einen angeordneten Körper schreibt man dann auch $(K, +, \cdot, >)$.

Bezeichnung. Für $x, y, z \in K$ definiert man

(i) $x > y :\Longleftrightarrow x - y > 0 \qquad (\Longleftrightarrow: y < x)$,

(ii) $x \geq y :\Longleftrightarrow x - y > 0 \vee x = y \qquad (\Longleftrightarrow: y \leq x)$.

Ein Element $x \in K$ heißt

negativ	$:\Longleftrightarrow$	$x < 0$,
nichtpositiv	$:\Longleftrightarrow$	$x \leq 0$,
nichtnegativ	$:\Longleftrightarrow$	$x \geq 0$.

$(\mathbb{Q}, +, \cdot, >)$ und $(\mathbb{R}, +, \cdot, >)$ sind angeordnete Körper, z. B. ist auf $\mathbb{Q}$ **Beispiele**

$$\frac{p}{q} > 0 :\Longleftrightarrow (p \in \mathbb{N} \wedge q \in \mathbb{N}) \vee (-p \in \mathbb{N} \wedge -q \in \mathbb{N}).$$

Die Anordnungsaxiome liefern wichtige Regeln zum Rechnen mit Ungleichungen:

Sind $(K, +, \cdot, >)$ ein angeordneter Körper und $x, x', y, y', z \in K$, so gelten: **Proposition III.6**

(i) $x < y \wedge y < z \implies x < z$ (Transitivität);

(ii) $x < y \wedge a \in K \implies x + a < y + a$;

(iii) $x < y \wedge x' < y' \implies x + x' < y + y'$;

(iv) $x < y \wedge a \in K, a > 0 \implies a \cdot x < a \cdot y$,
$\quad x < y \wedge a \in K, a < 0 \implies a \cdot x > a \cdot y$;

(v) $0 \leq x < y \wedge 0 \leq x' < y' \implies 0 \leq x' \cdot x < y' \cdot y$;

(vi) $x \neq 0 \implies x^2 > 0$;

(vii) $x > 0 \implies x^{-1} > 0$;

(viii) $0 < x < y \implies 0 < y^{-1} < x^{-1}$;

(ix) $1 > 0$.

Wegen (i) *setzt man dann:* $x < y < z :\Longleftrightarrow x < y \wedge y < z$.

Beweis. Wir beweisen exemplarisch (i), (vi), (vii) und (ix):

(i) $x < y \wedge y < z \implies y - x > 0 \wedge z - y > 0$

$\overset{(AO2)}{\implies} (y - x) + (z - y) > 0$

$\overset{(A1),(A2)}{\implies} z - x > 0 \implies x < z.$

(vi) $x > 0 \implies x^2 = x \cdot x \overset{(AO3)}{>} 0,$

$x < 0 \overset{Prop.\,III.2(xii)}{\implies} x^2 = \underbrace{(-x)}_{>0} \cdot \underbrace{(-x)}_{>0} \overset{(AO3)}{>} 0.$

(vii) $x > 0 \implies x^{-1} = \left(x \cdot x^{-1}\right) \cdot x^{-1} = x \cdot \underbrace{(x^{-1})^2}_{>0\ \text{nach (vi)}} \overset{(AO3)}{>} 0.$

(ix) $1 = 1 \cdot 1 = 1^2 \overset{(vi)}{>} 0.$ □

Beispiel Nicht jeder Körper besitzt eine Anordnung. Ein Beispiel ist $(\mathbb{F}_2, +, \cdot)$. Gäbe es eine Anordnung „$>$" auf $\mathbb{F}_2$, so wäre einerseits nach Definition $1 + 1 = 0$, andererseits nach Proposition III.6 (ix) und (AO2) aber

$$1 > 0 \implies 1 + 1 > 0 \ \not004\ \text{zu (AO1).}$$

Satz III.7 **Bernoullische[1] Ungleichung.** *Ist $(K, +, \cdot, >)$ ein angeordneter Körper, so gilt für alle $x \in K$, $x \geq -1$, und $n \in \mathbb{N}_0$:*

$$(1 + x)^n \geq 1 + n \cdot x. \tag{9.1}$$

Beweis. Wir führen vollständige Induktion nach n.

$\underline{n = 0}$: $(1 + x)^0 = 1 = 1 + 0 \cdot x.$

$\underline{n \rightsquigarrow n + 1}$: Da $x \geq -1$, ist $1 + x \geq 0$. Mit der Induktionsvoraussetzung folgt dann

$$(1 + x)^{n+1} = \underbrace{(1 + x)}_{\geq 0} \cdot (1 + x)^n \geq (1 + x) \cdot (1 + nx) = 1 + (n + 1) \cdot x + \underbrace{n \cdot x^2}_{\geq 0}$$

$$\geq 1 + (n + 1) \cdot x.$$ □

Bemerkung. Für $n \geq 2$ und $x \neq 0$ gilt in (9.1) die strikte Ungleichung $(1+x)^n > 1 + n \cdot x$.

Definition III.8 Es sei $(K, +, \cdot, >)$ ein angeordneter Körper. Dann definiert man für $x \in K$ das *Signum (Vorzeichen)* von x als

$$\operatorname{sign} x := \begin{cases} 1, & \text{falls } x > 0, \\ 0, & \text{falls } x = 0, \\ -1, & \text{falls } x < 0, \end{cases}$$

---

[1] Jakob I. Bernoulli, $*$ 6. Januar 1655 und 16. August 1705 in Basel, Schweizer Mathematiker, Bruder von Johann Bernoulli und Onkel von Jakob II. Bernoulli, studierte gegen den Willen seines Vaters neben Philosophie und Theologie autodidaktisch Mathematik und Astronomie.

und den *Absolutbetrag* von x als

$$|x| := (\operatorname{sign} x) \cdot x = \begin{cases} x, & \text{falls } x \geq 0, \\ -x, & \text{falls } x < 0. \end{cases}$$

In einem angeordneten Körper $(K, +, \cdot, >)$ *gelten für* $x, y \in K$: **Proposition III.9**

  (i) $|x| \geq 0$,

  (ii) $|x| = 0 \iff x = 0$,

  (iii) $|-x| = |x|$,

  (iv) $x \leq |x|$, $-x \leq |x|$,

  (v) $|x \cdot y| = |x| \cdot |y|$,

  (vi) $\left|\dfrac{x}{y}\right| = \dfrac{|x|}{|y|}$, $y \neq 0$.

Beweis. Eine einfache, aber gute Übung! $\qquad\square$

Dreiecksungleichung. *In einem angeordneten Körper* $(K, +, \cdot, >)$ *gilt:* **Satz III.10**

$$|x + y| \leq |x| + |y|, \quad x, y \in K.$$

Beweis. Nach Proposition III.9 gilt für $x, y \in K$

$$\begin{aligned} x \leq |x| \ \wedge \ y \leq |y| & \quad \xRightarrow{\text{Prop. III.6}} \quad & x + y \leq |x| + |y|, \\ -x \leq |x| \ \wedge -y \leq |y| & & -(x + y) = -x - y \leq |x| + |y|, \end{aligned}$$

also insgesamt $|x + y| \leq |x| + |y|$. $\qquad\square$

In einem angeordneten Körper $(K, +, \cdot, >)$ *gilt:* **Korollar III.11**

$$\big||x| - |y|\big| \leq |x + y| \leq |x| + |y|, \quad x, y \in K.$$

Beweis. Zu zeigen ist nur noch die linke Ungleichung. Mit der Dreiecksungleichung und Proposition III.9 ergibt sich für $x, y \in K$:

$$\begin{aligned} |x| = |x + y - y| \leq |x + y| + |y| & \quad \Longrightarrow \quad & |x| - |y| \leq |x + y|, \\ |y| = |x + y - x| \leq |x + y| + |x| & \quad \Longrightarrow \quad & -\big(|x| - |y|\big) = |y| - |x| \leq |x + y|, \end{aligned}$$

also insgesamt $\big||x| - |y|\big| \leq |x + y|$. $\qquad\square$

Ein Körper $(K, +, \cdot)$ heißt *archimedisch angeordnet*, wenn er angeordnet ist und darin das sog. *Archimedische*[2] *Axiom* gilt: **Definition III.12**

---

[2]ARCHIMEDES VON SYRAKUS, vermutlich $*$287 v. Chr., 212 v. Chr. in Syrakus, Sizilien, griechischer Mathematiker und Physiker, der als einer der bedeutendsten der Antike gilt; das Archimedische Axiom stammt aber eigentlich von Eudoxos von Knidos.

(AO4) Für alle $x, y \in K, x, y > 0$, existiert ein $n \in \mathbb{N}_0$ mit

$$nx > y.$$

Beispiel $(\mathbb{Q}, +, \cdot, >)$ und $(\mathbb{R}, +, \cdot, >)$ sind archimedisch angeordnet.

Satz III.13   *In einem archimedisch angeordneten Körper $(K, +, \cdot, >)$ gelten:*

(i) *Ist $b > 1$, so existiert zu jedem $\kappa > 0$ ein $N \in \mathbb{N}$ mit*

$$b^N > \kappa.$$

(ii) *Ist $0 < q < 1$, so existiert zu jedem $\varepsilon > 0$ ein $N \in \mathbb{N}$ mit*

$$q^N < \varepsilon.$$

Beweis. (i) Da $b > 1$, gilt $x := b - 1 > 0$ und $b = 1 + x$. Mit der Bernoullischen Ungleichung folgt

$$b^n = (1 + x)^n \geq 1 + nx, \quad n \in \mathbb{N}_0.$$

Nach (AO4) existiert nun ein $N \in \mathbb{N}$ mit $N \cdot x > \kappa$, also

$$b^N \geq 1 + Nx > 1 + \kappa > \kappa.$$

(ii) folgt direkt aus (i), mit $b = q^{-1}$ und $\kappa = \varepsilon^{-1}$. $\square$

■ 10
Vollständigkeit von $\mathbb{R}$

In diesem Abschnitt führen wir die Eigenschaft ein, die $\mathbb{R}$ von $\mathbb{Q}$ unterscheidet. In Kapitel IV werden wir eine Reihe anderer Charakterisierungen der Vollständigkeit kennenlernen.

Definition III.14   Ist $(K, +, \cdot, >)$ ein angeordneter Körper und $M \subset K$, so heißen

(i) $s \in K$ *obere* (bzw. *untere*) *Schranke* von M

$$:\Longleftrightarrow \quad \forall x \in M: x \leq s \quad \quad (\text{bzw. } x \geq s);$$

(ii) *M nach oben* (bzw. *unten*) *beschränkt*, wenn M eine obere (bzw. untere) Schranke besitzt; M heißt *beschränkt*, wenn es nach oben und unten beschränkt ist;

(iii) $s \in K$ *größtes* oder *maximales* (bzw. *kleinstes* oder *minimales*) *Element* von $M, s = \max M$ (bzw. $s = \min M$), wenn s obere (bzw. untere) Schranke von M ist und $s \in M$;

(iv) $s \in K$ *Supremum* von M, $s = \sup M$, wenn s die kleinste obere Schranke von M ist, d.h.

a) $\forall x \in M: x \leq s$ (s ist obere Schranke von M),

b) $\left(\forall x \in M: x \leq s' \right) \implies s' \geq s$ (jede andere obere Schranke ist $\geq s$);

analog heißt die größte untere Schranke s von M *Infimum* von M, $s = \inf M$.

Man kann zeigen, dass $\sup M$, $\inf M$, $\max M$ und $\min M$ jeweils eindeutig bestimmt sind, falls sie existieren.

Aus den Definitionen ergibt sich sofort, z. B. für Supremum und Maximum,

$$s = \max M \implies s = \sup M,$$

aber nicht umgekehrt, denn es kann $\sup M \notin M$ gelten:

$$s = \max M \iff s = \sup M \wedge s \in M.$$

In $\mathbb{Q}$ sind die Teilmengen **Beispiel**

$$\mathbb{Q}_- := \{x \in \mathbb{Q}: x < 0\} \quad \text{(Menge der negativen Elemente in } \mathbb{Q}\text{)},$$
$$\mathbb{Q}^0_- := \{x \in \mathbb{Q}: x \leq 0\} \quad \text{(Menge der nichtpositiven Elemente in } \mathbb{Q}\text{)}$$

nach oben beschränkt, aber nicht nach unten; $\mathbb{Q}_-$ hat das Supremum $0 = \sup \mathbb{Q}_-$, aber kein Maximum, da $0 \notin \mathbb{Q}_-$. Dagegen hat $\mathbb{Q}^0_-$ sowohl Supremum als auch Maximum, $0 = \sup \mathbb{Q}^0_- = \max \mathbb{Q}^0_-$.

Eine praktische Charakterisierung von Supremum und Infimum ist die folgende.

Es seien $X \subset \mathbb{R}$, $X \neq \varnothing$, und $\xi \in \mathbb{R}$ eine obere Schranke von X. Dann gilt **Proposition III.15**

$$\xi = \sup X \iff \forall \varepsilon > 0 \, \exists x_\varepsilon \in X \ \ \xi - \varepsilon < x_\varepsilon \leq \xi;$$

eine analoge Aussage gilt für $\inf X$.

Beweis. Der Beweis ist eine sehr gute Übung (Aufgabe III.4), um die sperrigen Begriffe Supremum und Infimum besser verstehen zu lernen! $\square$

Unser obiges Beispiel $\mathbb{Q}$ wird auch zeigen, dass es sogar nach oben beschränkte Teilmengen geben kann, die nicht einmal ein Supremum besitzen (siehe Korollar IV.43). Dies führt auf folgende Klassifizierung angeordneter Körper:

Ein angeordneter Körper $(K, +, \cdot, >)$ heißt *vollständig*, wenn darin das *Vollstän-* **Definition III.16**
digkeitsaxiom gilt:

(V) Jede nichtleere nach oben beschränkte Teilmenge von K hat ein Supremum.

Im nächsten Kapitel werden wir die Menge der reellen Zahlen $\mathbb{R}$ konstruieren und sehen, dass $\mathbb{R}$ ein archimedisch angeordneter vollständiger Körper ist, d.h., $\mathbb{R}$ erfüllt

- die Körperaxiome (A1)–(A4), (M1)–(M4), (D),

- die Anordnungsaxiome (AO1)–(AO3),

- das Archimedische Axiom (AO4),

- das Vollständigkeitsaxiom (V).

Man kann zeigen, dass $\mathbb{R}$ durch diese Eigenschaften „im Wesentlichen" eindeutig bestimmt ist, denn je zwei archimedisch angeordnete vollständige Körper K_1, K_2 sind isomorph ([10, §5.3]), d.h., es gibt eine bijektive Abbildung $\varphi\colon K_1 \to K_2$ mit

$$\varphi(x + y) = \varphi(x) + \varphi(y), \quad \varphi(x \cdot y) = \varphi(x) \cdot \varphi(y), \quad x, y \in K.$$

Übungsaufgaben

III.1. Beweise die folgenden Ungleichungen für $n \in \mathbb{N}$:

a) $2^n < n!$ für $n \geq 4$.

b) $\binom{n}{k} \dfrac{1}{n^k} \leq \dfrac{1}{k!}$ für $k \in \mathbb{N}_0, k \leq n$.

c) $\left(1 + \dfrac{1}{n}\right)^n \leq \displaystyle\sum_{k=0}^{n} \dfrac{1}{k!} < 3$.

III.2. Die *Fibonacci-Zahlen*[3] a_n, $n \in \mathbb{N}_0$, sind rekursiv definiert durch

$$a_0 := 1, \quad a_1 := 1, \quad a_{n+1} := a_{n-1} + a_n, \quad n \in \mathbb{N}.$$

Zeige, dass $n \leq a_n \leq 2^n$ für alle $n \in \mathbb{N}_0$ gilt.

III.3. Bestimme, soweit vorhanden, Infimum, Supremum, Maximum und Minimum folgender Teilmengen von $\mathbb{Q}$:

a) $\left\{x \in \mathbb{Q} : \exists\, n \in \mathbb{N} \ x = n^2\right\}$,   c) $\left\{x \in \mathbb{Q} : \exists\, n \in \mathbb{N} \ x = \dfrac{1}{n} + 1 + (-1)^n\right\}$,

b) $\left\{x \in \mathbb{Q} : \exists\, n \in \mathbb{N} \ x = \dfrac{1}{n^3}\right\}$,   d) $\left\{x \in \mathbb{Q} : x^2 \leq 2\right\}$.

III.4. Beweise Proposition III.15 und formuliere die analoge Aussage für das Infimum einer Menge.

---

[3] Die Fibonacci-Zahlen spielen eine überraschende Rolle in der Natur, z.B. bei Anordnungen in Tannenzapfen und Sonnenblumen; auch der Goldene Schnitt hängt mit ihnen zusammen (Aufgabe IV.4).

IV

Metrische Räume und Folgen

Metrische Räume sind Mengen, auf denen eine Abstandsfunktion definiert ist. In der Ebene kann man sich z.B. auf freiem Feld die „Luftlinie" als Abstandsfunktion denken; in einer Stadt dagegen würde man eine andere Abstandsfunktion wählen.

■ 11
Konvergenz von Folgen

Um das Verhalten von Folgen $x_1, x_2, \ldots$ reeller Zahlen zu untersuchen, führen wir das Konzept der Konvergenz in einem metrischen Raum ein.

Definition IV.1

Es sei X eine nichtleere Menge. Eine *Metrik* auf X ist eine Abbildung $d : X \times X \to [0, \infty)$ mit folgenden Eigenschaften:

  (i) $d(x, y) = 0 \iff x = y, \quad x, y \in X,$

  (ii) $d(x, y) = d(y, x), \quad x, y \in X \qquad$ (*Symmetrie*),

  (iii) $d(x, y) \leq d(x, z) + d(z, y), \quad x, y, z \in X \qquad$ (*Dreiecksungleichung*);

(X, d) heißt *metrischer Raum* und $d(x, y)$ *Abstand* von x und y bzgl. der Metrik d.

Beispiel IV.2

  – Eine Menge X mit der *diskreten Metrik* $d(x, y) := \begin{cases} 0, & x = y, \\ 1, & x \neq y. \end{cases}$

  – $\mathbb{Q}$ und $\mathbb{R}$ jeweils mit $d(x, y) := |x - y|, \quad x, y \in \mathbb{Q}$ bzw. $\mathbb{R}$.

  – $\mathbb{R}^n := \mathbb{R} \times \mathbb{R} \times \cdots \times \mathbb{R}$ (n-mal) mit der *euklidischen Metrik*:

  $$d(x, y) := \sqrt{(x_1 - y_1)^2 + \cdots + (x_n - y_n)^2}, \quad x = (x_i)_{i=1}^n, y = (y_i)_{i=1}^n \in \mathbb{R}^n,$$

  wobei die Wurzel $\sqrt{\cdot}$ wie später in Satz IV.42 definiert ist.

Im Spezialfall $n = 1$ ist die euklidische Metrik genau die oben für $\mathbb{R}$ angegebene.

Zum besseren Verständnis darf man sich im Folgenden als metrischen Raum immer die Menge der reellen Zahlen $\mathbb{R}$ mit der euklidischen Metrik d wie oben vorstellen.

Definition IV.3 Eine *Folge* in einem metrischen Raum (X, d) ist eine Abbildung

$$\mathbb{N} \to X, \quad n \mapsto x_n \in X;$$

man schreibt in diesem Fall $(x_n)_{n\in\mathbb{N}} \subset X$, $(x_n)_{n=1}^{\infty} \subset X$ oder $(x_1, x_2, x_3, \dots) \subset X$.

Als Definitionsbereiche von Folgen können statt $\mathbb{N}$ auch $\mathbb{N}_0$ oder unendliche Teilmengen von $\mathbb{N}_0$, wie etwa $\{n \in \mathbb{N}_0 : n \geq n_0\}$ oder $\{2k : k \in \mathbb{N}\}$, vorkommen.

Beispiele IV.4 **Folgen in $\mathbb{R}$.**

a) $x_n := a, n \in \mathbb{N}$, mit $a \in \mathbb{R}$: $(a, a, a, \dots)$ (*konstante Folge*),

b) $x_n := \dfrac{1}{n}, n \in \mathbb{N}$: $\left(1, \frac{1}{2}, \frac{1}{3}, \frac{1}{4}, \dots\right)$,

c) $x_n := (-1)^n, \ n \in \mathbb{N}_0$: $(1, -1, 1, -1, \dots)$,

d) $x_n := x^n, n \in \mathbb{N}_0$, mit $x \in \mathbb{R}$: $(1, x, x^2, x^3, \dots)$ (*geometrische Folge*).

Die obigen Beispiele zeigen, dass sich Folgen ganz unterschiedlich verhalten können.

Stellen Sie sich folgendes Spiel vor. Ein Gegenspieler nennt Ihnen eine beliebig kleine positive Zahl ϵ, und Sie müssen versuchen, einen Index N zu finden, so dass alle folgenden x_n mit $n \geq N$ dieses ϵ unterbieten.

Mit der Folge aus c) verlieren Sie das Spiel. Mit der Folge aus b) dagegen gewinnen Sie; diese Eigenschaft nennt man „gegen 0 konvergieren":

Definition IV.5 Eine Folge $(x_n)_{n\in\mathbb{N}}$ in einem metrischen Raum (X, d) heißt *konvergent*

$$:\Longleftrightarrow \quad \exists\, a \in X \ \forall\, \varepsilon > 0 \ \exists\, N \in \mathbb{N} \ \forall\, n \geq N : \ d(x_n, a) < \varepsilon. \qquad (11.1)$$

$(x_n)_{n\in\mathbb{N}}$ heißt dann *konvergent gegen a*, und a heißt *Limes* oder *Grenzwert* von $(x_n)_{n\in\mathbb{N}}$; man schreibt dann

$$\lim_{n\to\infty} x_n = a \quad \text{oder} \quad x_n \to a, \ n \to \infty.$$

Die Folge $(x_n)_{n\in\mathbb{N}}$ heißt *divergent*, wenn sie nicht konvergent ist.

Allgemein wird die Zahl N in (11.1) vom jeweiligen ϵ abhängen: je kleiner Ihr Gegenspieler ϵ macht, desto größer werden Sie N wählen müssen, um ihn zu unterbieten.

Überlegen Sie sich nun, wie es bei unserem Spiel mit der Folge aus d) aussieht!

Bezeichnung. Sind (X, d) ein metrischer Raum, $a \in X$ und $\varepsilon > 0$, so definiert man

$$B_\varepsilon(a) := \{x \in X : d(x, a) < \varepsilon\} \quad (\varepsilon\text{-}Umgebung\ von\ a\ \text{bzgl. } d),$$
$$K_\varepsilon(a) := \{x \in X : d(x, a) \leq \varepsilon\}.$$

Geometrisch lässt sich damit die Konvergenz einer Folge so beschreiben: $(x_n)_{n\in\mathbb{N}}$ konvergiert gegen a, wenn in jeder beliebig kleinen ε-Umgebung von a fast alle, d.h. alle bis auf endlich viele Folgenglieder x_n liegen.

Eindeutigkeit des Limes. *Ist $(x_n)_{n \in \mathbb{N}}$ eine Folge in einem metrischen Raum (X, d) und sind $a, a' \in X$ mit $x_n \to a$ und $x_n \to a', n \to \infty$, so ist $a = a'$.* **Satz IV.6**

Beweis. Für beliebiges $\varepsilon > 0$ existieren nach Voraussetzung $N, N' \in \mathbb{N}$, so dass

$$\forall n \geq N:\ d(x_n, a) < \frac{\varepsilon}{2} \quad \text{und} \quad \forall n \geq N':\ d(x_n, a') < \frac{\varepsilon}{2}.$$

Mit der Dreiecksungleichung und der Symmetrie von d folgt für $n \geq \max\{N, N'\}$

$$0 \leq d(a, a') \leq d(a, x_n) + d(x_n, a') = d(x_n, a) + d(x_n, a') < \varepsilon.$$

Da ε beliebig klein gewählt werden kann, muss $d(a, a') = 0$ gelten. Nach Eigenschaft (i) in Definition IV.1 folgt dann $a = a'$. $\qquad\square$

Für die Folgen aus Beispiel IV.4 gilt: **Beispiele IV.7**

- $\lim_{n \to \infty} a = a$ für $a \in \mathbb{R}$.   (*Frage:* Wie wählt man N zu beliebigem $\varepsilon > 0$?)

- $\lim_{n \to \infty} \dfrac{1}{n} = 0$.

  Beweis. Für $\varepsilon > 0$ beliebig existiert nach dem Archimedischen Axiom (AO4) ein $N \in \mathbb{N}$ mit $N = N \cdot 1 > \frac{1}{\varepsilon}$. Damit folgt für $n \geq N$

  $$\left| \frac{1}{n} - 0 \right| = \frac{1}{n} \leq \frac{1}{N} < \varepsilon. \qquad\square$$

- $x_n = (-1)^n$, $n \in \mathbb{N}_0$, liefert eine divergente Folge.

  Beweis. Angenommen, es gibt ein $a \in \mathbb{R}$ mit $x_n \to a$, $n \to \infty$. Zu $\varepsilon = 1$ existiert dann ein $N \in \mathbb{N}$ mit

  $$|x_n - a| < 1, \quad n \geq N.$$

  Für $n \geq N$ folgt dann mit der Dreiecksungleichung

  $$2 = |x_{n+1} - x_n| = |(x_{n+1} - a) - (x_n - a)| \leq |x_{n+1} - a| + |x_n - a| < 2 \,\text{\textit{\textlightning}}. \qquad\square$$

Eine Teilmenge M eines metrischen Raums (X, d) heißt *beschränkt* **Definition IV.8**

$$:\Longleftrightarrow \quad \operatorname{diam} M := \sup\{d(x, y) : x, y \in M\} < \infty$$

oder, äquivalent dazu und oft leichter nachzuprüfen,

$$\Longleftrightarrow \quad \exists\, a \in X \ \exists\, r > 0:\ M \subset B_r(a). \tag{11.2}$$

Eine Folge $(x_n)_{n \in \mathbb{N}} \subset X$ heißt *beschränkt*, wenn es die Menge $\{x_n : n \in \mathbb{N}\} \subset X$ ist.

Ist $X = \mathbb{R}$ mit der euklidischen Metrik, kann man die 0 als speziellen Bezugspunkt benutzen und sich überlegen:

- $M \subset \mathbb{R}$ ist beschränkt $\iff \exists R > 0: M \subset B_R(0) \quad (\iff \forall x \in M: |x| < R)$,

- $(x_n)_{n \in \mathbb{N}} \subset \mathbb{R}$ ist beschränkt $\iff \exists R > 0 \, \forall n \in \mathbb{N}: |x_n| < R$.

Satz IV.9   *Jede konvergente Folge $(x_n)_{n \in \mathbb{N}}$ in einem metrischen Raum (X, d) ist beschränkt.*

Beweis. Es sei $a := \lim_{n \to \infty} x_n$. Zu $\varepsilon = 1$ gibt es dann ein $N \in \mathbb{N}$ mit

$$\forall n \geq N: \quad d(x_n, a) < 1.$$

Setzt man $r := \max \left\{ d(x_1, a), ..., d(x_{N-1}, a), 1 \right\} + 1$, so folgt

$$d(x_n, a) < r, \quad n \in \mathbb{N}, \qquad \text{d.h. } (x_n)_{n \in \mathbb{N}} \subset B_r(a). \qquad \square$$

Beispiele   – Eine beschränkte Folge muss nicht konvergieren; ein Beispiel ist

$$x_n := (-1)^n, \quad n \in \mathbb{N}.$$

- Die *Fibonacci*[1]*-Folge* $a_0 := 1, a_1 := 1, a_{n+1} := a_{n-1} + a_n, n \in \mathbb{N}$, ist nach Satz IV.9 divergent, weil sie nach Aufgabe III.2 unbeschränkt ist:

$$\forall n \in \mathbb{N}: \quad a_n \geq n.$$

- Die geometrische Folge $x_n := x^n$, $n \in \mathbb{N}_0$, mit $x \in \mathbb{R}$ ist

  + konvergent für $|x| < 1$ und $x = 1$ mit $\displaystyle\lim_{n \to \infty} x^n = \begin{cases} 0 & \text{für } |x| < 1, \\ 1 & \text{für } x = 1, \end{cases}$

  + divergent für $|x| > 1$ und $x = -1$.

Beweis. $x = 1, x = -1$: Die Behauptungen wurden in Beispiel IV.7 gezeigt.

$|x| < 1$: Für $\varepsilon > 0$ beliebig gibt es nach Satz III.13 (ii) (mit $q := |x|$) ein $N \in \mathbb{N}$ mit $|x|^N < \varepsilon$. Damit folgt $|x^n - 0| = |x|^n \leq |x|^N < \varepsilon$ für $n \geq N$.

$|x| > 1$: Für $\kappa > 0$ beliebig existiert nach Satz III.13 (i) (mit $b := |x|$) ein $N \in \mathbb{N}$ mit $|x|^N > \kappa$. Damit ergibt sich $|x^n| \geq |x|^N > \kappa$ für $n \geq N$. Also ist $(x^n)_{n \in \mathbb{N}_0}$ unbeschränkt und damit nach Satz IV.9 divergent. $\qquad \square$

Um zeigen zu können, dass eine Folge konvergiert, muss man einen Kandidaten für den Limes haben. Die folgende Eigenschaft einer Folge setzt das nicht voraus:

Definition IV.10   Eine Folge $(x_n)_{n \in \mathbb{N}}$ in einem metrischen Raum (X, d) heißt *Cauchy*[2]*-Folge*

$$:\iff \forall \varepsilon > 0 \ \exists N \in \mathbb{N} \ \forall n, m \geq N: d(x_m, x_n) < \varepsilon.$$

---

[1] Leonardo Pisano, genannt Fibonacci, ∗ um 1170, nach 1240, vermutlich in Pisa, bedeutender italienischer Mathematiker des Mittelalters, erzogen in Nordafrika, führte in Europa die arithmetischen Rechenmethoden auf Basis des indisch-arabischen Stellenwertsystems ein.

[2] Augustin Louis Cauchy, ∗ 21. August 1789 in Paris, 23. Mai 1857 in Sceaux, französischer Mathematiker, Pionier der reellen und komplexen Analysis mit nahezu 800 Arbeiten, dessen Namen zahlreiche mathematische Sätze tragen.

> *Für eine Folge $(x_n)_{n \in \mathbb{N}}$ in einem metrischen Raum (X, d) gilt:*
>
> $$(x_n)_{n \in \mathbb{N}} \text{ konvergent} \implies (x_n)_{n \in \mathbb{N}} \text{ Cauchy-Folge.}$$

Satz IV.11

Beweis. Es sei $a := \lim_{n \to \infty} x_n$ und $\varepsilon > 0$. Dann existiert ein $N \in \mathbb{N}$ mit

$$\forall n \geq N \colon d(x_n, a) < \frac{\varepsilon}{2}.$$

Nach der Dreiecksungleichung ist dann für $n, m \geq N$

$$d(x_m, x_n) \leq d(x_m, a) + d(x_n, a) < \varepsilon. \qquad \square$$

Aber nicht jede Cauchy-Folge in einem metrischen Raum ist konvergent:

> Eine Cauchy-Folge $(x_n)_{n \in \mathbb{N}_0}$ in $\mathbb{Q}$, die nicht konvergiert in $\mathbb{Q}$, ist
>
> $$x_n := \sum_{k=0}^{n} (-1)^k \frac{1}{2k + 1}, \quad n \in \mathbb{N}_0.$$

Beispiel IV.12

Beweis. $(x_n)_{n \in \mathbb{N}}$ Cauchy-Folge in $\mathbb{Q}$: Es sei $\varepsilon > 0$ vorgegeben und $m, n \in \mathbb{N}$. Für $m = n$ gilt $|x_m - x_n| = 0 < \varepsilon$ trivialerweise. Ist $m \neq n$, können wir ohne Einschränkung $m > n$ annehmen und erhalten:

$$|x_m - x_n| = \left| \sum_{k=n+1}^{m} (-1)^k \frac{1}{2k + 1} \right| = \left| \sum_{k=n+1}^{m} (-1)^{k-(n-1)} \frac{1}{2k + 1} \right| \qquad (11.3)$$

$$= \left| \frac{1}{2n + 3} - \sum_{k=n+2}^{m} (-1)^{k-n} \frac{1}{2k + 1} \right|. \qquad (11.4)$$

Für $l \subset \mathbb{N}$, $l + 2 \leq m$ ist:

$$\sum_{k=l+2}^{m} (-1)^{k-l} \frac{1}{2k + 1} = \underbrace{\overbrace{\frac{1}{2l + 5} - \frac{1}{2l + 7}}^{m-l-1 \text{ Summanden}} + \cdots + (-1)^{m-l} \frac{1}{2m + 1}}_{>0} > 0, \qquad (11.5)$$

denn für $m - l - 1$ gerade (also $m - l$ ungerade) ist die Anzahl der Summanden gerade und jedes Paar positiv, und für $m - l - 1$ ungerade (also $m - l$ gerade) ist der letzte Term $(-1)^{m-l} \frac{1}{2m+1} > 0$.

Wir wenden nun Ungleichung (11.5) zuerst in (11.3) mit $l = n - 1$ und dann in (11.4) mit $l = n$ an und erhalten:

$$|x_m - x_n| = \Big| \underbrace{\sum_{k=n+1}^{m} (-1)^{k-(n-1)} \frac{1}{2k + 1}}_{>0 \, ((11.5) \text{ für } l = n - 1)} \Big| = \sum_{k=n+1}^{m} (-1)^{k-(n-1)} \frac{1}{2k + 1}$$

$$= \frac{1}{2n + 3} - \underbrace{\sum_{k=n+2}^{m} (-1)^{k-n} \frac{1}{2k + 1}}_{>0 \, ((11.5) \text{ für } l = n)} < \frac{1}{2n + 3}.$$

Nach dem Archimedischen Axiom (AO4) existiert ein $N \in \mathbb{N}$ mit $2N + 3 > \frac{1}{\varepsilon}$. Insgesamt folgt für alle $m, n \geq N$:

$$|x_m - x_n| < \frac{1}{2n + 3} < \frac{1}{2N + 3} < \varepsilon.$$

$(x_n)_{n \in \mathbb{N}}$ konvergiert nicht in $\mathbb{Q}$: Wir zeigen erst später (Aufgabe VIII.7), wenn wir die Zahl $\pi \in \mathbb{R} \setminus \mathbb{Q}$ definiert haben (Aufgabe VI.4):

$$\sum_{k=0}^{\infty} (-1)^k \frac{1}{2k + 1} := \lim_{n \to \infty} x_n = \frac{\pi}{4}. \qquad \square$$

Definition IV.13   Ein metrischer Raum (X, d) heißt *vollständig*, wenn jede Cauchy-Folge in (X, d) konvergiert.

Eine äquivalente Version des Vollständigkeitsaxioms für $\mathbb{R}$ (vgl. Definition III.16) ist:
  (V') In $\mathbb{R}$ konvergiert jede Cauchy-Folge.

Satz IV.14   *Für eine Folge $(x_n)_{n \in \mathbb{N}}$ in einem metrischen Raum (X, d) gilt:*

$$(x_n)_{n \in \mathbb{N}} \text{ Cauchy-Folge} \implies (x_n)_{n \in \mathbb{N}} \text{ beschränkt.}$$

Beweis. Der Beweis ist ähnlich wie der Beweis von Satz IV.9; hier findet man ein $r > 0$ mit $(x_n)_{n \in \mathbb{N}} \subset B_r(x_1)$. $\qquad \square$

Definition IV.15   Für eine Folge $(x_n)_{n \in \mathbb{N}}$ in einem metrischen Raum (X, d) heißt

  (i) $(x_{n_k})_{k \in \mathbb{N}}$ *Teilfolge*, falls $(n_k)_{k \in \mathbb{N}} \subset \mathbb{N}$ und $n_1 < n_2 < \ldots$,

  (ii) $a \in X$ *Häufungswert*, wenn eine Teilfolge $(x_{n_k})_{k \in \mathbb{N}}$ von $(x_n)_{n \in \mathbb{N}}$ existiert mit

$$\lim_{k \to \infty} x_{n_k} = a.$$

Beispiel $x_n = (-1)^n$, $n \in \mathbb{N}$, hat die zwei Häufungswerte $+1$ und -1, denn $(x_{2k})_{k \in \mathbb{N}}$ bzw. $(x_{2k-1})_{k \in \mathbb{N}}$ konvergieren gegen $+1$ bzw. -1.

Bemerkung. Für die Indexfolge $(n_k)_{k \in \mathbb{N}} \subset \mathbb{N}$ einer Teilfolge gilt immer

$$n_k \geq k, \quad k \in \mathbb{N}. \qquad (11.6)$$

Satz IV.16   *Hat eine Cauchy-Folge $(x_n)_{n \in \mathbb{N}}$ in einem metrischen Raum (X, d) eine konvergente Teilfolge $(x_{n_k})_{k \in \mathbb{N}}$, so konvergiert die Folge $(x_n)_{n \in \mathbb{N}}$ selbst.*

Beweis. Es sei $a := \lim_{k\to\infty} x_{n_k}$ und $\varepsilon > 0$ beliebig. Da $(x_n)_{n\in\mathbb{N}}$ eine Cauchy-Folge ist, existiert ein $N \in \mathbb{N}$ mit

$$d(x_n, x_m) < \frac{\varepsilon}{2}, \quad n, m \geq N.$$

Da $x_{n_k} \to a$, $k \to \infty$, existiert ein $K \in \mathbb{N}$, ohne Einschränkung $K \geq N$, mit

$$d(x_{n_k}, a) < \frac{\varepsilon}{2}, \quad k \geq K.$$

Für $n \geq K$ folgt mit Dreiecksungleichung und da $n_K \geq K \geq N$ (siehe (11.6))

$$d(x_n, a) \leq d(x_n, x_{n_K}) + d(x_{n_K}, a) < \varepsilon. \qquad \square$$

■ 12
Rechenregeln für Folgen und Grenzwerte

Spezielle metrische Räume sind normierte Räume. Während eine Metrik auf einer beliebigen Menge definiert werden kann, setzt eine Norm eine Vektorraumstruktur voraus. Vektorräume lernt man vor allem in der Linearen Algebra kennen ([12, Abschnitt 1.4]):

Es sei K ein Körper. Eine nichtleere Menge V heißt *Vektorraum über K*, wenn zwei Verknüpfungen   **Definition IV.17**

$$+: V \times V \to V, \quad (x, y) \mapsto x + y, \quad x, y \in V \qquad (Addition),$$
$$\cdot: K \times V \to V, \quad (\lambda, x) \mapsto \lambda \cdot x, \quad \lambda \in K, \ x \in V \qquad (Skalarmultiplikation),$$

existieren, so dass folgende Axiome erfüllt sind:

Axiome für die Vektorraum-Addition:

(VR1) $x + (y + z) = (x + y) + z, \quad x, y, z \in V,$

(VR2) $x + y = y + x, \quad x, y \in V,$

(VR3) $\exists\, 0_V \in V \ \forall x \in V: x + 0_V = x,$

(VR4) $\forall x \in V \ \exists\, -x \in V: x + (-x) = 0_V.$

Axiome für die Skalarmultiplikation:

(VR5) $\lambda \cdot (x + y) = \lambda \cdot x + \lambda \cdot y, \quad \lambda \in K, \ x, y \in V,$

(VR6) $(\lambda + \mu) \cdot x = \lambda \cdot x + \mu \cdot x, \quad \lambda, \mu \in K, \ x \in V,$

(VR7) $\lambda \cdot (\mu \cdot x) = (\lambda \cdot \mu) \cdot x, \quad \lambda, \mu \in K, \ x \in V,$

(VR8) $1 \cdot x = x, \quad x \in V.$

Die Elemente von V heißen *Vektoren*, die Elemente von K heißen *Skalare*. Man schreibt oft λx statt $\lambda \cdot x$ für $\lambda \in K$ und $x \in V$.

Korollar IV.18   Es sei V ein Vektorraum über einem Körper K. Dann gelten:

    (i) 0_V und $-x$ sind eindeutig,

    (ii) $0 \cdot x = 0_V, \quad x \in V$,

    (iii) $(-1) \cdot x = -x, \quad x \in V$.

Beweis. (i) beweist man analog wie die Eindeutigkeit in Korollar III.2 für Körper.

(ii) Nach (VR6) gilt mit $\lambda = 1, \ \mu = 0$ für beliebiges $x \in V$:

$$x \overset{(VR8)}{=} 1 \cdot x = (1 + 0) \cdot x \overset{(VR6)}{=} 1 \cdot x + 0 \cdot x \overset{(VR8)}{=} x + 0 \cdot x.$$

Da 0_V nach (i) eindeutig ist, folgt $0 \cdot x = 0_V$.

(iii) Nach (VR6) gilt mit $\lambda = 1, \mu = -1$ für beliebiges $x \in V$:

$$0_V \overset{(ii)}{=} 0 \cdot x = (1 - 1) \cdot x \overset{(VR6)}{=} 1 \cdot x + (-1) \cdot x \overset{(VR8)}{=} x + (-1) \cdot x.$$

Da $-x$ nach (i) eindeutig ist, folgt $(-1) \cdot x = -x$. $\qquad\qquad\square$

Beispiele

  – $K^n = K \times K \times \cdots \times K$ (n-mal) ist ein Vektorraum über K mit

$$x + y := \left(x_i + y_i\right)_{i=1}^n = \left(x_1 + y_1, x_2 + y_2, \ldots, x_n + y_n\right)$$
$$\lambda \cdot x := \left(\lambda \cdot x_i\right)_{i=1}^n = \left(\lambda \cdot x_1, \lambda \cdot x_2, \ldots, \lambda \cdot x_n\right)$$

für $x = \left(x_i\right)_{i=1}^n, y = \left(y_i\right)_{i=1}^n \in K^n$ und $\lambda \in K$.

  – K selbst ist Vektorraum über K (siehe oben, $n = 1$).

  – $\mathbb{R}^n$ ist Vektorraum über $\mathbb{R}$ (siehe oben, $K = \mathbb{R}$).

  – $K^X := \{f \colon X \to K \text{ Funktion}\}$ mit $X \neq \varnothing$ ist ein Vektorraum über K mit

$$f + g \colon X \to K, \quad (f + g)(x) := f(x) + g(x), \quad x \in X,$$
$$\lambda \cdot f \colon X \to K, \quad (\lambda \cdot f)(x) := \lambda \cdot f(x), \quad x \in X,$$

für $f, g \in K^X$ und $\lambda \in K$.

Ein Vektorraum hat, anders als ein metrischer Raum, ein ausgezeichnetes Element: den Nullvektor 0_V. Diesen nutzen wir nun als Bezugspunkt zur Abstandsmessung.

Als Körper betrachten wir im Folgenden nur $K = \mathbb{R}$ oder später die komplexen Zahlen $\mathbb{C}$ (Abschnitt V.15), wo es jeweils einen Absolutbetrag $|\cdot|$ gibt.

Definition IV.19   Es sei $K = \mathbb{R}$ (oder später $\mathbb{C}$) und V ein Vektorraum über K. Eine *Norm* auf V ist eine Abbildung $\|\cdot\| \colon V \to [0, \infty)$ mit folgenden Eigenschaften:

    (i) $\|x\| = 0 \iff x = 0, \quad x \in V$,

    (ii) $\|\lambda \cdot x\| = |\lambda| \cdot \|x\|, \quad \lambda \in K, x \in V$,

    (iii) $\|x + y\| \leq \|x\| + \|y\|, \quad x, y \in V$ (Dreiecksungleichung);

$(V, \|\cdot\|)$ heißt dann *normierter Raum*.

Ist $(V, \|\cdot\|)$ ein normierter Raum, so gilt:

$$\bigl|\,\|x\| - \|y\|\,\bigr| \leq \|x + y\| \leq \|x\| + \|y\|, \quad x, y \in V.$$

Beweis. Der Beweis ist wie bei Korollar III.11 für den Absolutbetrag in $\mathbb{R}$. □

$\mathbb{R}^n$ wird ein normierter Raum mit der *euklidischen Norm* $\|\cdot\|$:

$$\|x\| := \sqrt{|x_1|^2 + \cdots + |x_n|^2}, \quad x = \bigl(x_i\bigr)_{i=1}^{n} \in \mathbb{R}^n,$$

wobei die Wurzel $\sqrt{\cdot}$ wie später in Satz IV.42 definiert ist. Für $n = 1$ ist die euklidische Norm $\|\cdot\|$ gerade der Absolutbetrag $|\cdot|$ auf $\mathbb{R}$.

Die euklidische Norm hängt mit der euklidischen Metrik (Beispiel IV.2) zusammen:

Ein normierter Raum $\bigl(V, \|\cdot\|\bigr)$ ist ein metrischer Raum mit

$$d(x, y) := \|x - y\|, \quad x, y \in V; \tag{12.1}$$

insbesondere ist $\|x\| = d(x, 0_V), x \in V.$

Beweis. Die Eigenschaften einer Metrik folgen direkt aus denjenigen der Norm. Es ist eine gute Übung, dies selbst nachzuprüfen! □

Damit übersetzt sich die Definition der Konvergenz oder Cauchy-Konvergenz für eine Folge $(x_n)_{n \in \mathbb{N}}$ in einem normierten Raum $\bigl(V, \|\cdot\|\bigr)$ wie folgt:

– $(x_n)_{n \in \mathbb{N}}$ konvergent $\iff \exists a \in V \,\forall \varepsilon > 0 \,\exists N \in \mathbb{N} \,\forall n \geq N: \|x_n - a\| < \varepsilon.$

– $(x_n)_{n \in \mathbb{N}}$ Cauchy-Folge $\iff \forall \varepsilon > 0 \,\exists N \in \mathbb{N} \,\forall n, m \geq N: \|x_n - x_m\| < \varepsilon.$

Ein normierter Raum $(V, \|\cdot\|)$ heißt *Banachraum*[3], wenn er bezüglich der Metrik (12.1) vollständig ist.

Es sei $\bigl(V, \|\cdot\|\bigr)$ ein normierter Raum über K und $\lambda \in K$. Sind $(x_n)_{n \in \mathbb{N}}, (y_n)_{n \in \mathbb{N}} \subset V$ Cauchy-Folgen bzw. konvergent, so auch

$$(x_n + y_n)_{n \in \mathbb{N}} \quad und \quad (\lambda \cdot x_n)_{n \in \mathbb{N}};$$

im Fall der Konvergenz gelten:

$$\lim_{n \to \infty} (x_n + y_n) = \lim_{n \to \infty} x_n + \lim_{n \to \infty} y_n,$$

$$\lim_{n \to \infty} (\lambda \cdot x_n) = \lambda \cdot \lim_{n \to \infty} x_n.$$

[3] STEFAN BANACH, ∗ 30. März 1892 in Krakau, 31. August 1945 in Lvov, jetzt Ukraine, polnischer Mathematiker, der als Begründer der modernen Funktionalanalysis gilt und am liebsten in Cafés arbeitete, vor allem gemeinsam mit Kollegen im Schottischen Café in Lvov.

Beweis. $(x_n + y_n)_{n \in \mathbb{N}}$ ist Cauchy-Folge: Zu jedem $\varepsilon > 0$ existieren nach Voraussetzung $N, N' \in \mathbb{N}$ mit:

$$\forall\, n, m \geq N\colon \|x_n - x_m\| < \frac{\varepsilon}{2}, \qquad \forall\, n, m \geq N'\colon \|y_n - y_m\| < \frac{\varepsilon}{2}.$$

Dann ist für $n, m \geq \max\{N, N'\}$ mit der Dreiecksungleichung (Definition IV.19 (iii))

$$\|(x_n + y_n) - (x_m + y_m)\| = \|x_n - x_m + y_n - y_m\| \leq \|x_n - x_m\| + \|y_n - y_m\| < \varepsilon.$$

$(\lambda \cdot x_n)_{n \in \mathbb{N}}$ ist Cauchy-Folge: Der Fall $\lambda = 0$ ist klar. Ist $\lambda \neq 0$, so gibt es zu jedem $\varepsilon > 0$ nach Voraussetzung ein $N \in \mathbb{N}$ mit

$$\forall\, n, m \geq N\colon \|x_n - x_m\| < \frac{\varepsilon}{|\lambda|}.$$

Dann folgt für alle $n, m \geq N$ mit Definition IV.19 (ii):

$$\|\lambda \cdot x_n - \lambda \cdot x_m\| = \|\lambda \cdot (x_n - x_m)\| = |\lambda|\,\|x_n - x_m\| < |\lambda|\frac{\varepsilon}{|\lambda|} = \varepsilon.$$

Die Beweise im Fall der Konvergenz sind ganz analog. $\qquad\square$

Beispiel In $(\mathbb{R}, |\cdot|)$ liefern $x_n := 1$, $y_n := \frac{1}{n}$, $n \in \mathbb{N}$, aus Beispiel IV.7 konvergente Folgen mit $\lim_{n \to \infty} x_n = 1$ und $\lim_{n \to \infty} y_n = 0$, also gilt nach Satz IV.23

$$\frac{n-1}{n} = 1 + (-1) \cdot \frac{1}{n} \to 1 + (-1) \cdot 0 = 1, \quad n \to \infty.$$

Proposition IV.24 *Es sei $(V, \|\cdot\|)$ ein normierter Raum. Ist $(x_n)_{n \in \mathbb{N}}$ eine Cauchy-Folge bzw. konvergent in V, so ist die Folge $(\|x_n\|)_{n \in \mathbb{N}}$ eine Cauchy-Folge bzw. konvergent in $\mathbb{R}$; im letzteren Fall gilt:*

$$\left\| \lim_{n \to \infty} x_n \right\| = \lim_{n \to \infty} \|x_n\|.$$

Beweis. Ist $(x_n)_{n \in \mathbb{N}} \subset V$ Cauchy-Folge und $\varepsilon > 0$ beliebig, so gibt es ein $N \in \mathbb{N}$ mit

$$\forall\, n, m \geq N\colon \|x_n - x_m\| < \varepsilon.$$

Nach Korollar IV.20 folgt dann für alle $n, m \geq N$:

$$\big| \|x_n\| - \|x_m\| \big| \leq \|x_n - x_m\| < \varepsilon.$$

Der Beweis im Fall der Konvergenz ist ganz analog. $\qquad\square$

Achtung: Die Umkehrung gilt nicht! Zum Beispiel liefert $x_n = (-1)^n$, $n \in \mathbb{N}$, eine nicht konvergente Folge, für die aber $(\|x_n\|)_{n \in \mathbb{N}} = (1)_{n \in \mathbb{N}}$ konvergent ist.

Definition IV.25 Eine Folge $(x_n)_{n \in \mathbb{N}}$ in einem normierten Raum $(V, \|\cdot\|)$ heißt *Nullfolge* $:\Longleftrightarrow$ $\lim_{n \to \infty} x_n = 0_V$.

Für eine Folge $(x_n)_{n\in\mathbb{N}}$ in einem normierten Raum $(V, \|\cdot\|)$ und $a \in V$ gelten: **Proposition IV.26**

(i) $x_n \to a, n \to \infty \quad \Longleftrightarrow \quad (x_n - a)_{n\in\mathbb{N}}$ *Nullfolge in* V,

(ii) $(x_n)_{n\in\mathbb{N}}$ *Nullfolge in* $V \quad \Longleftrightarrow \quad (\|x_n\|)_{n\in\mathbb{N}}$ *Nullfolge in* $\mathbb{R}$,

(iii) $(x_n)_{n\in\mathbb{N}}$ *Nullfolge in* $V \quad \Longleftrightarrow \quad \exists\, (r_n)_{n\in\mathbb{N}} \subset \mathbb{R}, \lim_{n\to\infty} r_n = 0,$
$$\exists\, n_0 \in \mathbb{N}\ \forall\, n \geq n_0\colon \|x_n\| \leq r_n.$$

Beweis. (i) und (ii) folgen direkt aus der Definition, (iii) ist eine leichte Übung. $\qquad \square$

$x_n = \dfrac{n!}{n^n}, n \in \mathbb{N}$, ist eine Nullfolge nach Proposition IV.26 (iii), denn: **Beispiel**

$$|x_n| = x_n = \frac{1 \cdot 2 \cdot 3 \cdot \dots \cdot n}{n \cdot n \cdot n \cdot \dots \cdot n} = \frac{1}{n} \cdot \underbrace{\frac{2}{n}}_{\leq 1} \cdot \underbrace{\frac{3}{n}}_{\leq 1} \cdot \dots \cdot \underbrace{\frac{n}{n}}_{=1} \leq \frac{1}{n} =: r_n, \quad n \in \mathbb{N}.$$

Als Nächstes betrachten wir Folgen in $\mathbb{R}$ mit der durch den Absolutbetrag $|\cdot|$ induzierten Norm bzw. Metrik und später in den komplexen Zahlen $\mathbb{C}$ (Abschnitt V.15). Hier ist außer der Addition $+$ auch die Multiplikation $\cdot$ zweier Elemente definiert:

Es sei $K = \mathbb{R}$ (später auch $K = \mathbb{C}$) mit dem Absolutbetrag $|\cdot|$ als Norm. **Satz IV.27**

(i) *Sind $(x_n)_{n\in\mathbb{N}}$, $(y_n)_{n\in\mathbb{N}} \subset K$ Cauchy-Folgen bzw. konvergent, so auch*

$$(x_n \cdot y_n)_{n\in\mathbb{N}};$$

im Fall der Konvergenz gilt:

$$\lim_{n\to\infty} (x_n \cdot y_n) = \Big(\lim_{n\to\infty} x_n\Big) \cdot \Big(\lim_{n\to\infty} y_n\Big).$$

(ii) *Ist $(x_n)_{n\in\mathbb{N}} \subset K$ eine Nullfolge und $(y_n)_{n\in\mathbb{N}} \subset K$ beschränkt, so ist $(x_n \cdot y_n)_{n\in\mathbb{N}}$ eine Nullfolge.*

Beweis. (i) Es sei $\varepsilon > 0$ beliebig. Nach Satz IV.14 sind $(x_n)_{n\in\mathbb{N}}$, $(y_n)_{n\in\mathbb{N}}$ beschränkt. Also existieren $R, R' > 0$ mit

$$\forall\, n \in \mathbb{N}\colon |x_n| < R \ \wedge\ |y_n| < R'.$$

Da $(x_n)_{n\in\mathbb{N}}$, $(y_n)_{n\in\mathbb{N}}$ Cauchy-Folgen sind, existieren N, N' mit

$$\forall\, n, m \geq N\colon |x_n - x_m| < \frac{\varepsilon}{2R}, \qquad \forall\, n, m \geq N'\colon |y_n - y_m| < \frac{\varepsilon}{2R}.$$

Dann gilt für alle $n, m \geq \max\{N, N'\}$:

$$\begin{aligned}
|x_n y_n - x_m y_m| &= |x_n(y_n - y_m) + (x_n - x_m)y_m| \\
&\leq |x_n(y_n - y_m)| + |(x_n - x_m)y_m| \\
&= \underbrace{|x_n|}_{<R} \cdot \underbrace{|y_n - y_m|}_{<\frac{\varepsilon}{2R}} + \underbrace{|x_n - x_m|}_{<\frac{\varepsilon}{2R'}} \cdot \underbrace{|y_m|}_{<R'} < \varepsilon.
\end{aligned}$$

Der Beweis im Fall der Konvergenz ist ganz analog.

(ii) Es sei $\varepsilon > 0$ beliebig. Weil $(y_n)_{n\in\mathbb{N}} \subset K$ beschränkt ist, existiert $R' > 0$ mit

$$\forall\, n \in \mathbb{N}\colon |y_n| < R'.$$

Da $(x_n)_{n\in\mathbb{N}}$ eine Nullfolge ist, existiert $N \in \mathbb{N}$ mit

$$\forall\, n \geq N\colon |x_n| < \frac{\varepsilon}{R'}.$$

Damit folgt für alle $n \geq N$:

$$|x_n y_n| = |x_n| \cdot |y_n| < \frac{\varepsilon}{R'} \cdot R' = \varepsilon. \qquad \square$$

Satz IV.28

Es sei $K = \mathbb{R}$ (später auch $K = \mathbb{C}$) mit dem Absolutbetrag $|\cdot|$ als Norm. Sind $(x_n)_{n\in\mathbb{N}}, (y_n)_{n\in\mathbb{N}} \subset K$ konvergente Folgen mit $b := \lim_{n\to\infty} y_n \neq 0$, dann existiert ein $n_0 \in \mathbb{N}$, so dass $y_n \neq 0$ für $n \geq n_0$, und die Folge

$$\left(\frac{x_n}{y_n}\right)_{n\in\mathbb{N},\, n\geq n_0}$$

konvergiert mit

$$\lim_{n\to\infty} \frac{x_n}{y_n} = \frac{\lim_{n\to\infty} x_n}{\lim_{n\to\infty} y_n}.$$

Beweis. Nach Satz IV.27 genügt es, den Fall $x_n = 1$, $n \in \mathbb{N}$, zu betrachten. Da nach Voraussetzung $y_n \to b \neq 0$, $n \to \infty$, gilt, gibt es $n_0 \in \mathbb{N}$ mit

$$\forall\, n \geq n_0\colon |y_n - b| < \frac{|b|}{2}.$$

Nach der Dreiecksungleichung von unten (Korollar IV.20) gilt dann für $n \geq n_0$:

$$|b| - |y_n| \leq \big||b| - |y_n|\big| \leq |y_n - b| < \frac{|b|}{2}, \quad \text{also } |y_n| > \frac{|b|}{2} > 0.$$

Da $\lim_{n\to\infty} y_n = b$, gibt es zu beliebigem $\varepsilon > 0$ ein $N \in \mathbb{N}$ mit

$$\forall\, n \geq N\colon |y_n - b| \leq \frac{|b|^2}{2} \cdot \varepsilon.$$

Insgesamt folgt für alle $n \geq \max\{n_0, N\}$:

$$\left|\frac{1}{y_n} - \frac{1}{b}\right| = \frac{|y_n - b|}{|y_n|\,|b|} < \frac{2\,|y_n - b|}{|b|^2} < \varepsilon. \qquad \square$$

Beispiel $x_n := \dfrac{1 + 2 + \cdots + n}{n+2} - \dfrac{n}{2}$, $n \in \mathbb{N}$: Nach Satz II.6 ist

$$x_n = \frac{n\cdot(n+1)}{2(n+2)} - \frac{n}{2} = \frac{n(n+1) - n(n+2)}{2(n+2)} = -\frac{1}{2}\frac{n}{n+2} = -\frac{1}{2}\frac{1}{1+\frac{2}{n}}.$$

Also gilt nach unseren Rechenregeln für Grenzwerte (Satz IV.23, IV.27 und IV.28):

$$\lim_{n\to\infty} x_n = -\frac{1}{2}\frac{1}{1 + \lim_{n\to\infty}\frac{2}{n}} = -\frac{1}{2}.$$

Im angeordneten Körper $\mathbb{R}$ kann man noch die Konvergenz von Folgen gegen ∞ oder $-\infty$ definieren und somit verschiedene Formen der Divergenz unterscheiden.

Eine Folge $(x_n)_{n\in\mathbb{N}} \subset \mathbb{R}$ heißt *bestimmt divergent* (oder *uneigentlich konvergent*) gegen ∞ (bzw. $-\infty$)

$$:\Longleftrightarrow \quad \forall R > 0 \, \exists N \in \mathbb{N} \, \forall n \geq N : x_n > R \ (\text{bzw. } x_n < -R);$$

in diesem Fall schreibt man:

$$\lim_{n\to\infty} x_n = \infty \ (\text{bzw. } -\infty) \quad x_n \to \infty, \ n \to \infty \ (\text{bzw. } x_n \to -\infty, \ n \to \infty).$$

Eine divergente, aber nicht bestimmt divergente Folge heißt *unbestimmt divergent*. Der Punkt ∞ (bzw. $-\infty$) heißt *Häufungswert* von $(x_n)_{n\in\mathbb{N}}$, wenn es eine Teilfolge $(x_{n_k})_{k\in\mathbb{N}}$ von $(x_n)_{n\in\mathbb{N}}$ gibt mit

$$\lim_{k\to\infty} x_{n_k} = \infty \ (\text{bzw. } -\infty).$$

Definition IV.29

Bemerkung. Existieren zu $(x_n)_{n\in\mathbb{N}} \subset \mathbb{R}$ eine Folge $(r_n)_{n\in\mathbb{N}} \subset \mathbb{R}_+$ und $n_0 \in \mathbb{N}$ mit

$$\forall n \geq n_0 : x_n \geq r_n \ (\text{bzw. } x_n \leq -r_n) \ \text{ und } \ \lim_{n\to\infty} r_n = \infty,$$

so ist auch $\lim_{n\to\infty} x_n = \infty$ (bzw. $-\infty$).

Ist $(x_n)_{n\in\mathbb{N}} \subset \mathbb{R}$ bestimmt divergent gegen ∞ (bzw. $-\infty$), so ist $(x_n)_{n\in\mathbb{N}}$ *nicht* nach oben bzw. unten beschränkt. Die Umkehrung gilt aber nicht:

Wegen des Archimedischen Axioms und obiger Bemerkung gilt:

– $x_n = n, \ n \in \mathbb{N}$, ist bestimmt divergent gegen ∞.

– Die Fibonacci-Folge (Aufgabe III.2) ist bestimmt divergent gegen ∞.

– $(x^n)_{n\in\mathbb{N}}$ ist $\begin{cases} \text{bestimmt divergent gegen } \infty & \text{für } x > 1, \\ \text{unbestimmt divergent mit Häufungswerten } \pm\infty & \text{für } x < -1. \end{cases}$

Beispiele

Es sei $(x_n)_{n\in\mathbb{N}} \subset \mathbb{R} \setminus \{0\}$. Dann gelten:

(i) $\lim_{n\to\infty} x_n = \pm\infty \implies \lim_{n\to\infty} \dfrac{1}{x_n} = 0,$

(ii) $\lim_{n\to\infty} x_n = 0, \ \pm x_n > 0, \ n \in \mathbb{N} \implies \lim_{n\to\infty} \dfrac{1}{x_n} = \pm\infty.$

Proposition IV.30

Beweis. Nochmals eine gute Übung zum Thema Konvergenz! $\qquad\square$

Bemerkung IV.31

Für das Rechnen mit Grenzwerten $\pm\infty$ gelten folgende Regeln:

$$\infty + \infty = \infty, \quad -\infty - \infty = -\infty, \quad \infty \cdot \infty = \infty, \quad \infty \cdot (-\infty) = -\infty,$$

$$a \pm \infty = \pm\infty, \quad \frac{a}{\pm\infty} = 0, \quad a \cdot (\pm\infty) = \begin{cases} \pm\infty, & a > 0, \\ \mp\infty, & a < 0, \end{cases} \quad a \in \mathbb{R} \setminus \{0\}.$$

Achtung: *Nicht definiert sind beim Rechnen mit Limites $0 \cdot \infty$, $\frac{\infty}{\infty}$, $\infty - \infty$ oder 1^∞!*

Beispiel

$x_n := n, y_n := 2n, z_n := n^2, n \in \mathbb{N}$, und $a \in \mathbb{R}$: Dann ist für $n \to \infty$:

$$x_n + y_n = 3n \to \infty; \qquad x_n \cdot y_n = 2n^2 \to \infty;$$

$$a + x_n = a + n \to a + \infty = \infty; \qquad a \cdot x_n = an \to a \cdot \infty = (\operatorname{sgn} a) \cdot \infty, \text{ falls } a \neq 0;$$

$$\frac{a}{x_n} = \frac{a}{n} \to 0; \qquad \text{aber:} \quad \frac{x_n}{y_n} = \frac{1}{2} \to \frac{1}{2}, \quad \frac{x_n}{z_n} = \frac{1}{n} \to 0.$$

■ 13
Konstruktion von $\mathbb{R}$

Es gibt verschiedene Wege, die reellen Zahlen einzuführen. Der folgende geht auf Cantor[4] zurück. Durch einen Vervollständigungsprozess wird dabei $\mathbb{R}$ aus $\mathbb{Q}$ durch Hinzunahme aller möglichen Grenzwerte von Cauchy-Folgen in $\mathbb{Q}$ konstruiert.

Definition IV.32

Eine *Äquivalenzrelation* auf einer Menge X ist eine Teilmenge $R \subset X \times X$, die zwei Elemente von X in Beziehung setzt durch

$$x \sim y :\Longleftrightarrow (x, y) \in R \quad (\text{gesprochen } x \text{ äquivalent zu } y),$$

so dass für alle $x, y, z \in X$ gilt:

(i) $x \sim x$ (*Reflexivität*),

(ii) $x \sim y \implies y \sim x$ (*Symmetrie*),

(iii) $x \sim y \wedge y \sim z \implies x \sim z$ (*Transitivität*).

Für $x \in X$ definiert man die *Äquivalenzklasse* von x als

$$[x] := \{y \in X : y \sim x\};$$

jedes Element $y \in [x]$ heißt *Repräsentant* von $[x]$. Die *Menge aller Äquivalenzklassen von X modulo* $\sim$ bezeichnet man mit

$$X/\!\sim \; := \{[x] : x \in X\} \subset \mathbb{P}(X).$$

---

[4]GEORG CANTOR, ∗ 3. März 1845 in Sankt Petersburg, 6. Januar 1918 in Halle (Saale), deutscher Mathematiker, begründete die Mengenlehre und lieferte wichtige Ergebnisse über Kardinalzahlen und trigonometrische Reihen.

Zwei Äquivalenzklassen sind gleich oder disjunkt: $X = \dot{\bigcup}_{x \in X} [x]$.

Bemerkung IV.33

(i) Für eine beliebige Menge X ist „=" eine Äquivalenzrelation:

Beispiele

$$x \sim y :\Longleftrightarrow x = y.$$

Hier hat jede Äquivalenzklasse genau ein Element, nämlich $[x] = \{x\}, x \in X$.

(ii) Für die Menge X der jetzt lebenden Menschen ist eine Äquivalenzrelation

$$x \sim y :\Longleftrightarrow x, y \text{ haben dieselben Eltern} \quad (\text{d.h., } x, y \text{ sind Geschwister}).$$

(iii) Für festes $k \in \mathbb{N}$ ist auf $X = \mathbb{Z}$ eine Äquivalenzrelation gegeben durch

$$x \sim y :\Longleftrightarrow k \text{ teilt } x - y,$$

d.h., x, y haben bei Division durch k denselben Rest $r \in \{0, 1, \ldots, k-1\}$. Nach Satz II.3 gibt es k Äquivalenzklassen (hier auch Restklassen genannt), nämlich $[0], [1], \ldots, [k-1]$, und es ist $\mathbb{Z} = \dot{\bigcup}_{m=0}^{k-1}[m]$; für $k = 2$ ist z.B. $[0]$ die Menge der geraden und $[1]$ die Menge der ungeraden Zahlen.

Cantors Konstruktion von $\mathbb{R}$.   Auf der Menge $C_{\mathbb{Q}}$ aller Cauchy-Folgen in $\mathbb{Q}$ führen wir eine Äquivalenzrelation $\sim$ ein durch

$$(x_n)_{n \in \mathbb{N}} \sim (y_n)_{n \in \mathbb{N}} :\Longleftrightarrow \lim_{n \to \infty} |x_n - y_n| = 0,$$

und wir definieren die Menge $\mathbb{R}$ der *reellen Zahlen* als

$$\mathbb{R} := \{\xi = [(x_n)_{n \in \mathbb{N}}]: (x_n)_{n \in \mathbb{N}} \in C_{\mathbb{Q}}\}.$$

Addition und Multiplikation werden für $[(x_n)_{n \in \mathbb{N}}], [(y_n)_{n \in \mathbb{N}}] \in \mathbb{R}$ definiert durch

$$[(x_n)_{n \in \mathbb{N}}] + [(y_n)_{n \in \mathbb{N}}] := [(x_n + y_n)_{n \in \mathbb{N}}],$$
$$[(x_n)_{n \in \mathbb{N}}] \cdot [(y_n)_{n \in \mathbb{N}}] := [(x_n \cdot y_n)_{n \in \mathbb{N}}];$$

eine Eigenschaft > 0 auf $\mathbb{R}$ wird eingeführt durch

$$[(x_n)_{n \in \mathbb{N}}] > 0 :\Longleftrightarrow \exists r \in \mathbb{Q},\, r > 0,\, \exists n_0 \in \mathbb{N} \; \forall n \geq n_0: x_n > r.$$

Man prüft nach, dass die so definierten Verknüpfungen $+, \cdot$ sowie die Relation $>$ auf $\mathbb{R}$ wohldefiniert sind und $(\mathbb{R}, +, \cdot, >)$ alle Körperaxiome, Anordnungsaxiome einschließlich dem Archimedischem Axiom sowie das Vollständigkeitsaxiom erfüllt.

Noch nicht klar ist, wie man eine rationale Zahl $q \in \mathbb{Q}$ in der Menge der reellen Zahlen $\mathbb{R}$ wiederfindet! Dazu identifiziert man $q \in \mathbb{Q}$ mit der Äquivalenzklasse $[(q)_{n \in \mathbb{N}}]$ der konstanten Folge $(q)_{n \in \mathbb{N}}$, die natürlich eine Cauchy-Folge in $\mathbb{Q}$ ist.

Es erweist sich oft als praktisch, die reellen Zahlen und die Anordnung darauf um die Elemente ∞ und $-\infty$ wie folgt zu erweitern.

Man definiert das *erweiterte System der reellen Zahlen* als

Definition IV.34

$$\overline{\mathbb{R}} := \mathbb{R} \cup \{-\infty, \infty\}$$

und setzt die Ordnungsrelation $>$ von $\mathbb{R}$ auf $\overline{\mathbb{R}}$ fort vermöge $x > -\infty$ und $\infty > x$ für $x \in \mathbb{R}$; außerdem verwendet man die praktischen Konventionen

$$\sup \varnothing := -\infty, \quad \sup M := \infty, \quad \text{falls } M \text{ nach oben unbeschränkt},$$
$$\inf \varnothing := \infty, \quad \inf M := -\infty, \quad \text{falls } M \text{ nach unten unbeschränkt}.$$

In $\mathbb{R}$ gibt es einige ausgezeichnete Teilmengen, die im Folgenden oft vorkommen.

Definition IV.35 Für $a, b \in \mathbb{R}, a < b$, definiert man die *beschränkten Intervalle*

$$[a, b] := \{x \in \mathbb{R}: a \leq x \leq b\} \quad (\textit{abgeschlossenes Intervall}),$$
$$(a, b) := \{x \in \mathbb{R}: a < x < b\} \quad (\textit{offenes Intervall}),$$
$$[a, b) := \{x \in \mathbb{R}: a \leq x < b\} \quad (\textit{rechts halboffenes Intervall}),$$
$$(a, b] := \{x \in \mathbb{R}: a < x \leq b\} \quad (\textit{links halboffenes Intervall})$$

und die *unbeschränkten Intervalle*

$$(-\infty, b] := \{x \in \mathbb{R}: x \leq b\}, \qquad [a, \infty) := \{x \in \mathbb{R}: x \geq a\},$$
$$(-\infty, b) := \{x \in \mathbb{R}: x < b\}, \qquad (a, \infty) := \{x \in \mathbb{R}: x > a\};$$

spezieller definiert man noch

$$\mathbb{R}_+^0 := [0, \infty), \quad \mathbb{R}_+ := (0, \infty) \quad (\text{nichtnegative bzw. positive reelle Zahlen}),$$
$$\mathbb{R}_-^0 := (-\infty, 0], \quad \mathbb{R}_- := (-\infty, 0) \quad (\text{nichtpositive bzw. negative reelle Zahlen}).$$

Ist $\varepsilon > 0$, hat man noch spezielle Bezeichnungen für die Intervalle

$$B_\varepsilon(a) := (a - \varepsilon, a + \varepsilon) = \{x \in \mathbb{R}: |x - a| < \epsilon\} \quad (\varepsilon\text{-}\textit{Umgebung von } a \text{ in } \mathbb{R}),$$
$$K_\varepsilon(a) := [a - \varepsilon, a + \varepsilon] = \{x \in \mathbb{R}: |x - a| \leq \epsilon\}.$$

Bemerkung. Es ist $a = \inf(a, b) = \inf(a, b] = \inf[a, b) = \inf[a, b] = \min[a, b) = \min[a, b]$; wegen $a \notin (a, b) \subset (a, b]$ haben aber (a, b) und $(a, b]$ kein Minimum.

■ 14
Vergleichssätze, monotone Folgen

In diesem Abschnitt betrachten wir Folgen in angeordneten Körpern, z.B. in $\mathbb{R}$ mit dem Absolutbetrag $|\cdot|$. Speziell stellen wir die Frage, wie sich Ungleichungen bei Grenzwertbildung verhalten.

Satz IV.36 *Es seien K ein angeordneter Körper und $(x_n)_{n \in \mathbb{N}}, (y_n)_{n \in \mathbb{N}} \subset K$ konvergente Folgen. Gibt es ein $n_0 \in \mathbb{N}$ mit*

$$\forall n \geq n_0: x_n \leq y_n, \tag{14.1}$$

so folgt

$$\lim_{n\to\infty} x_n \le \lim_{n\to\infty} y_n.$$

Achtung: Gilt sogar $x_n < y_n$ in (14.1), so folgt für die Grenzwerte trotzdem nur $\le$:

$$x_n := -\frac{1}{n}, \quad y_n := \frac{1}{n}, \quad x_n < y_n, \ n \in \mathbb{N}, \quad \text{aber} \ \lim_{n\to\infty} x_n = \lim_{n\to\infty} y_n = 0.$$

Beweis (von Satz IV.36). Angenommen $a := \lim_{n\to\infty} x_n > \lim_{n\to\infty} y_n =: b$. Dann ist $\varepsilon := (a - b)/2 > 0$, und es gibt dazu $N, N' \in \mathbb{N}$ mit

$$\forall n \ge N: |x_n - a| < \varepsilon \quad \wedge \quad \forall n \ge N': |y_n - b| < \varepsilon.$$

Nach Wahl von ε ist $a - \varepsilon = b + \varepsilon$. Mit $n \ge \max\{N, N'\}$ ergibt sich der Widerspruch

$$a - \varepsilon < x_n \le y_n < b + \varepsilon \, \mathbf{\frac{\prime}{\prime}}. \qquad \qquad \square$$

Die beiden nächsten Korollare sind direkte Folgerungen aus Satz IV.36.

Korollar IV.37

Es seien K ein angeordneter Körper und $(x_n)_{n\in\mathbb{N}} \subset K$ konvergent. Existieren $\alpha, \beta \in K$ und $n_0 \in \mathbb{N}$ mit

$$\forall n \ge n_0: \alpha \le x_n \le \beta,$$

so folgt

$$\alpha \le \lim_{n\to\infty} x_n \le \beta.$$

Korollar IV.38

Sandwich-Lemma. In einem angeordneten Körper K seien Folgen $(x_n)_{n\in\mathbb{N}}$, $(y_n)_{n\in\mathbb{N}}, (z_n)_{n\in\mathbb{N}} \subset K$ gegeben. Gibt es ein $n_0 \in \mathbb{N}$ mit

$$\forall n \ge n_0: x_n \le y_n \le z_n,$$

so gilt:

$$\lim_{n\to\infty} x_n = \lim_{n\to\infty} z_n = a \implies \lim_{n\to\infty} y_n = a.$$

Beispiel

$x_n = \dfrac{n^2 + 3n}{n^3 + 2n^2 + 1}, n \in \mathbb{N}$, ist eine Nullfolge nach Korollar IV.38, denn:

$$0 \le \frac{n^2 + 3n}{n^3 + 2n^2 + 1} = \frac{\frac{1}{n} + \frac{3}{n^2}}{\underbrace{1 + \frac{2}{n} + \frac{1}{n^3}}_{\ge 1}} \le \frac{1}{n} + \frac{3}{n^2} \to 0, \quad n \to \infty.$$

Definition IV.39   Eine Folge $(x_n)_{n \in \mathbb{N}}$ in einem angeordneten Körper K heißt

    (i) *monoton wachsend* $:\Longleftrightarrow$ $x_n \leq x_{n+1}$, $n \in \mathbb{N}$,

    (ii) *monoton fallend* $:\Longleftrightarrow$ $x_n \geq x_{n+1}$, $n \in \mathbb{N}$,

und *monoton*, wenn (i) oder (ii) gilt. Sie heißt *streng monoton wachsend* (bzw. *fallend*), wenn in (i) (bzw. (ii)) die strikten Ungleichungen $<$ (bzw. $>$) gelten.

Eine notwendige Bedingung für Konvergenz ist die Beschränktheit einer Folge (siehe Satz IV.9); für monotone Folgen ist sie sogar hinreichend:

Satz IV.40   *Jede beschränkte monotone Folge $(x_n)_{n \in \mathbb{N}}$ in einem vollständigen angeordneten Körper K (z.B. in $\mathbb{R}$) konvergiert, und zwar gegen*

    (i) $\sup \{x_n : n \in \mathbb{N}\}$, *falls $(x_n)_{n \in \mathbb{N}}$ monoton wachsend ist,*

    (ii) $\inf \{x_n : n \in \mathbb{N}\}$, *falls $(x_n)_{n \in \mathbb{N}}$ monoton fallend ist.*

Beweis. (i) Es sei $(x_n)_{n \in \mathbb{N}}$ beschränkt und monoton wachsend. Dann ist die Menge $X = \{x_n : n \in \mathbb{N}\} \subset K$ beschränkt und nichtleer. Da K vollständig ist, existiert $x := \sup X \in K$. Für beliebiges $\varepsilon > 0$ gibt es nach Proposition III.15 ein $N \in \mathbb{N}$ mit

$$x - \varepsilon < x_N \leq x.$$

Wegen der Monotonie von $(x_n)_{n \in \mathbb{N}}$ und der Definition von x folgt für alle $n \geq N$:

$$x - \varepsilon < x_N \leq x_n \leq x < x + \varepsilon, \qquad \text{d.h. } |x_n - x| < \varepsilon.$$

(ii) folgt, indem man (i) auf die monoton wachsende Folge $(-x_n)_{n \in \mathbb{N}}$ anwendet. $\square$

Korollar IV.41   Für eine monotone Folge $(x_n)_{n \in \mathbb{N}}$ in einem vollständigen angeordneten Körper K (z.B. in $\mathbb{R}$) gilt:

$$(x_n)_{n \in \mathbb{N}} \text{ konvergent} \iff (x_n)_{n \in \mathbb{N}} \text{ beschränkt}.$$

Anwendungen. Mit Hilfe des speziellen Konvergenzverhaltens monotoner Folgen können wir nun einige wichtige Zahlen aus $\mathbb{R}$ und sogar $\mathbb{R} \setminus \mathbb{Q}$ einführen:

(a) Quadratwurzeln in $\mathbb{R}$:

Satz IV.42   *Es sei $a \in \mathbb{R}$, $a > 0$. Dann konvergiert für einen beliebigen Startwert $x_0 \in \mathbb{R}$, $x_0 > 0$, die Folge $(x_n)_{n \in \mathbb{N}_0}$, definiert durch*

$$x_{n+1} := \frac{1}{2}\left(x_n + \frac{a}{x_n}\right), \quad n \in \mathbb{N}_0, \tag{14.2}$$

gegen die eindeutige positive Lösung der Gleichung $x^2 = a$, bezeichnet mit $\sqrt{a}$ oder mit $a^{\frac{1}{2}}$.

Beweis. Wir beweisen die Behauptung in vier Schritten.

Behauptung 1: $x_n > 0, \; n \in \mathbb{N}_0$.

Beweis (durch Induktion): $\underline{n = 0}$: Nach Voraussetzung ist der Startwert $x_0 > 0$.

$\underline{n \rightsquigarrow n + 1}$: Da $a > 0$ nach Voraussetzung und $x_n > 0$ nach Induktionsvoraussetzung, folgt $x_{n+1} > 0$ direkt aus der Definition (14.2).

Behauptung 2: $x_n^2 \geq a, \; n \in \mathbb{N}$.

Beweis: Nach Definition (14.2) gilt für alle $n \in \mathbb{N}$:

$$x_n^2 - a = \frac{1}{4}\left(x_{n-1} + \frac{a}{x_{n-1}}\right)^2 - a = \frac{1}{4}\left(x_{n-1} - \frac{a}{x_{n-1}}\right)^2 \geq 0.$$

Behauptung 3: $(x_n)_{n \in \mathbb{N}}$ ist monoton fallend.

Beweis: Für $n \in \mathbb{N}_0$ folgt mit Definition (14.2) und den Behauptungen 1 und 2:

$$x_n - x_{n+1} = x_n - \frac{1}{2}\left(x_n + \frac{a}{x_n}\right) = \frac{1}{2}\left(x_n - \frac{a}{x_n}\right) = \frac{1}{\underbrace{2x_n}_{>0\,(\text{Beh. 1})}} \overbrace{(x_n^2 - a)}^{\geq 0\,(\text{Beh. 2})} \geq 0.$$

Behauptung 4: $(x_n)_{n \in \mathbb{N}}$ ist beschränkt, $0 < \dfrac{a}{x_1} \leq x_n \leq x_1, \; n \in \mathbb{N}$.

Beweis: Da $a > 0$, folgt mit den Behauptungen 1, 2 und 3 (hier speziell $x_1 \geq x_n$)

$$0 < \frac{a}{x_1} \leq \frac{a}{x_n} = \frac{a}{x_n} - x_n + x_n = x_n - \underbrace{\frac{\overbrace{x_n^2 - a}^{\geq 0}}{x_n}}_{>0} \leq x_n \leq x_1.$$

Die Behauptungen 3 und 4 liefern dann nach Satz IV.40, dass $(x_n)_{n \in \mathbb{N}}$ konvergiert und dass nach Korollar IV.37 für den Grenzwert gilt $x := \lim_{n \to \infty} x_n \geq \frac{a}{x_1} > 0$. Mit den Rechenregeln aus Satz IV.23 und IV.28 ergibt sich dann:

$$x = \lim_{n \to \infty} x_{n+1} = \lim_{n \to \infty} \frac{1}{2}\left(x_n + \frac{a}{x_n}\right) = \frac{1}{2}\left(\lim_{n \to \infty} x_n + \frac{a}{\lim\limits_{n \to \infty} x_n}\right) = \frac{1}{2}\left(x + \frac{a}{x}\right).$$

Multipliziert man mit $2x > 0$, ergibt sich $2x^2 = x^2 + a$ oder $x^2 = a$.

Eindeutigkeit der Lösung: Ist $x' > 0$ eine weitere Lösung von $x^2 = a$, so ist

$$0 = x^2 - x'^2 = (x - x')(x + x') \overset{x+x'>0}{\Longleftrightarrow} x = x'. \qquad \square$$

$\mathbb{Q}$ ist nicht vollständig.   **Korollar IV.43**

Beweis. Dazu zeigen wir $\sqrt{2} \notin \mathbb{Q}$. Denn dann ist die Cauchy-Folge $(x_n)_{n \in \mathbb{N}} \subset \mathbb{Q}$ aus Satz IV.42 mit $a = 2$ in $\mathbb{Q}$ nicht konvergent. Wäre $\sqrt{2} \in \mathbb{Q}$, so gäbe es teilerfremde $p, q \in \mathbb{N}$ mit $\sqrt{2} = \frac{p}{q}$. Dann wäre $2q^2 = p^2$, d.h. p^2 und damit p gerade, $p = 2r$ mit $r \in \mathbb{N}$, nach Beispiel I.3. Also wäre $2q^2 = 4r^2$, d.h. auch q^2 und damit q gerade, im Widerspruch zur Teilerfremdheit von p und q. $\qquad \square$

Bemerkung. Die Folge in Satz IV.42 liefert einen effizienten Algorithmus zur numerischen Berechnung von $\sqrt{a}$. Die Zahl der gültigen Stellen nach dem Komma verdoppelt sich in jedem Schritt, z.B. schon auf 23 nach der 5. Iteration!

So wie Quadratwurzeln approximiert man auch k-te Wurzeln durch Folgen in $\mathbb{Q}$:

Proposition IV.44

Es sei $a \in \mathbb{R}$, $a > 0$, und $k \in \mathbb{N}$, $k \geq 2$. Dann konvergiert für einen beliebigen Startwert $x_0 \in \mathbb{R}$, $x_0 > 0$, die Folge $(x_n)_{n\in\mathbb{N}}$, gegeben durch

$$x_{n+1} := \frac{1}{k}\left((k-1)x_n + \frac{a}{x_n^{k-1}}\right), \quad n \in \mathbb{N}_0,$$

gegen die eindeutige positive Lösung der Gleichung $x^k = a$, bezeichnet mit $\sqrt[k]{a}$ oder mit $a^{\frac{1}{k}}$.

Einige wichtige Grenzwerte, in denen Wurzeln auftreten, sind:

Beispiel IV.45

$$\lim_{n\to\infty} \sqrt[n]{n} = \lim_{n\to\infty} \sqrt[n]{a} = \lim_{n\to\infty} \sqrt[n]{n^k} = 1, \ a \in \mathbb{R}, a > 0, \ k \in \mathbb{N}.$$

Beweis. Für $x_n := \sqrt[n]{n} - 1, n \in \mathbb{N}$, gilt nach Binomischem Lehrsatz (Satz II.16)

$$n = (x_n + 1)^n = \sum_{k=0}^{n} \binom{n}{k} x_n^k \geq 1 + \binom{n}{2} x_n^2 = 1 + \frac{n(n-1)}{2} x_n^2, \quad n \in \mathbb{N},$$

also $0 \leq x_n \leq \sqrt{2/n} \to 0, n \to \infty$. Also ist $(x_n)_{n\in\mathbb{N}}$ eine Nullfolge nach dem Sandwich-Lemma (Korollar IV.38). Die zweite Behauptung folgt, da $\sqrt[n]{a} \leq \sqrt[n]{n}$ für $n \geq a$. Für die dritte Behauptung benutzt man den Fall $k = 1$ und Satz IV.27. $\square$

(b) Die Eulersche[5] Zahl e:

Satz IV.46

Die Folge $(x_n)_{n\in\mathbb{N}} \subset \mathbb{R}$, gegeben durch

$$x_n := \left(1 + \frac{1}{n}\right)^n, \quad n \in \mathbb{N}, \tag{14.3}$$

konvergiert, ihr Grenzwert heißt Eulersche Zahl:

$$e := \lim_{n\to\infty}\left(1 + \frac{1}{n}\right)^n \quad (= 2{,}718281828459045235360287 47\ldots).$$

Beweis. Nach Satz IV.40 reicht es wieder zu zeigen, dass die Folge monoton und beschränkt ist:

---

[5]LEONHARD EULER, ∗ 15. April 1707 in Basel, 18. September 1783 in Sankt Petersburg, Schweizer Mathematiker, der auch lange in St. Peterburg wirkte und der zu den bedeutendsten und produktivsten Mathematikern aller Zeiten zählt. Fast die Hälfte seiner über 850 Arbeiten (siehe www.eulerarchive.org) entstand nach seiner Erblindung im Alter von 59 Jahren.

Behauptung 1: $(x_n)_{n \in \mathbb{N}}$ ist monoton wachsend.

Beweis: Für $n \in \mathbb{N}, \; n \geq 2$, ist nach Definition (14.3)

$$\frac{x_n}{x_{n-1}} = \left(1 + \frac{1}{n}\right)^n \left(1 + \frac{1}{n-1}\right)^{-(n-1)} = \frac{(n+1)^n}{n^n} \frac{(n-1)^{n-1}}{n^{n-1}}$$

$$= \frac{(n^2-1)^n}{n^{2n}} \frac{n}{n-1} = \left(1 - \frac{1}{n^2}\right)^n \cdot \frac{n}{n-1}.$$

Den ersten Faktor schätzen wir mit der Bernoullischen Ungleichung (Satz III.7) ab:

$$\frac{x_n}{x_{n-1}} \geq \left(1 - n \cdot \frac{1}{n^2}\right) \cdot \frac{n}{n-1} = 1.$$

Behauptung 2: $2 \leq x_n < 3, \; n \in \mathbb{N}.$

Beweis: Nach Behauptung 1 ist $x_n \geq x_1 = 2$; in Aufgabe III.1 c) wurde $x_n < 3$ für $n \in \mathbb{N}$ gezeigt. $\qquad \square$

Bemerkung. Die Folge in Satz IV.46 ist *nicht* zur numerischen Berechnung von e geeignet, sie konvergiert extrem langsam! Bei $n = 1000$ hat man erst 2 gültige Stellen nach dem Komma, bei $n = 30.000$ erst 4!

Viel besser dazu geeignet ist die nächste Folge, auf die wir später in Kapitel IX über Taylor-Reihen (Beispiel IX.12 und Tabelle 30.1) nochmal zu sprechen kommen:

Gegen e konvergiert auch die Folge $(y_n)_{n \in \mathbb{N}} \subset \mathbb{R}$ *gegeben durch*   **Proposition IV.47**

$$y_n := \sum_{k-0}^{n} \frac{1}{k!}, \quad n \in \mathbb{N}_0.$$

Beweis. Der Beweis ist eine gute Übung zur Eulerschen Zahl. Die Behauptung folgt auch aus dem späteren allgemeinen Satz IX.1 von Taylor (Beispiel IX.12). $\qquad \square$

(c) Intervallschachtelung:

Ist $I_n =: [a_n, b_n] \subset \mathbb{R}, \; n \in \mathbb{N}$, *eine Folge von Intervallen mit*   **Satz IV.48**

$$I_1 \supset I_2 \supset \cdots \supset I_n \supset I_{n+1} \supset \ldots,$$

und gilt $\lim_{n \to \infty}(b_n - a_n) = 0$, *so existiert genau ein* $c \in \mathbb{R}$, *so dass* $c \in \bigcap_{n \in \mathbb{N}} I_n$.

Beweis. Der Beweis ist eine gute Übung für monotone Folgen (Aufgabe IV.5). $\qquad \square$

Bemerkung. Satz IV.48 ist äquivalent zum Vollständigkeitsaxiom (V'), liefert also eine weitere Variante (V") desselbigen.

Übungsaufgaben

IV.1. Untersuche, ob die folgenden Grenzwerte existieren (auch uneigentlich), und berechne sie allenfalls:

$$\text{a) } \lim_{n\to\infty} \frac{(n+1)(n^2-1)}{(2n+1)(3n^2+1)}, \quad \text{c) } \lim_{n\to\infty} \frac{n^2}{2^n}, \quad \text{b) } \lim_{n\to\infty} n - \frac{n^2+4n}{n+2}, \quad \text{d) } \lim_{n\to\infty} \frac{2^n}{n!}.$$

IV.2. Zeige, dass die Folge $\left(\sqrt{1+n^{-1}}\right)_{n\in\mathbb{N}} \subset \mathbb{Q}$ eine Cauchy-Folge ist.

IV.3. Es seien $(x_n)_{n\in\mathbb{N}}, (y_n)_{n\in\mathbb{N}} \subset \mathbb{R}$ Folgen und $a \in \mathbb{R}$ mit $\lim_{n\to\infty} x_n = a = \lim_{n\to\infty} y_n$. Zeige, dass dann $\lim_{n\to\infty} |x_n - y_n| = 0$ ist. Gilt die Umkehrung?

IV.4. Es seien $a_n, n \in \mathbb{N}_0$, die Fibonacci-Zahlen (vgl. Aufgabe III.2),

$$x_n := \frac{a_n}{a_{n-1}}, \qquad n \in \mathbb{N},$$

und $\sigma < \tau$ die Lösungen der Gleichung $x^2 - x - 1 = 0$ (τ heißt *Goldener Schnitt*). Zeige, dass gilt:

$$\text{a) } a_n = \frac{1}{\sqrt{5}}\left(\tau^{n+1} - \sigma^{n+1}\right),\ n \in \mathbb{N}_0, \qquad \text{b) } \lim_{n\to\infty} x_n = \tau.$$

IV.5. Beweise Satz IV.48 über die Intervallschachtelung und zeige, dass die Intervalle $I_n = [a_n, b_n], n \in \mathbb{N}$, mit a_n, b_n wie folgt eine solche bilden:

$$a_n := \left(1 + \frac{1}{n}\right)^n, \quad b_n := \left(1 + \frac{1}{n}\right)^{n+1}, \qquad n \in \mathbb{N}.$$

V Komplexe Zahlen und Reihen

Während man natürliche, rationale und reelle Zahlen aus dem Alltag vom Zählen und Messen zu kennen glaubt, scheinen die komplexen Zahlen rein mathematische Konstrukte zu sein. Dennoch braucht man sie in Anwendungen, z.B. in der komplexen Widerstandsrechnung der Elektrotechnik (siehe z.B. [6, Abschnitt 10.9]).

■ 15
Definition von $\mathbb{C}$

Die mathematische Motivation zur Einführung der Menge der komplexen Zahlen, in Analogie zur Erweiterung von $\mathbb{N}$ auf $\mathbb{Q}$ und weiter auf $\mathbb{R}$ (vgl. Kapitel IV), ist:

Problem in $\mathbb{R}$: Die Gleichung $x^2 = -1$ hat keine Lösung in $x \in \mathbb{R}$.

Eine *komplexe Zahl* ist ein Element

$$z = (x, y) \in \mathbb{R} \times \mathbb{R}.$$

Die Menge der komplexen Zahlen wird mit $\mathbb{C}$ bezeichnet und mit Addition + und Multiplikation · versehen, indem man für $(x, y), (u, v) \in \mathbb{C}$ definiert:

$$(x, y) + (u, v) := (x + u, y + v),$$
$$(x, y) \cdot (u, v) := (xu - yv, xv + yu).$$

Definition V.1

$(\mathbb{C}, +, \cdot)$ *ist ein Körper mit Nullelement* $(0, 0)$ *und Einselement* $(1, 0)$. *Die Gleichung*

$$z^2 = -1$$

hat genau zwei Lösungen in $\mathbb{C}$,

$$\mathrm{i} := (0, 1) \quad und \quad -\mathrm{i} = (0, -1);$$

die so definierte komplexe Zahl i *heißt* imaginäre Einheit[1].

Satz V.2

---

[1] Die imaginäre Einheit und das Symbol i dafür wurden 1777 von Leonhard Euler eingeführt.

Beweis. Die Körperaxiome weist man durch Nachrechnen und Anwenden der obigen Definitionen nach. Für $z = (x, y) \in \mathbb{C}$ gilt:

$$\begin{aligned} z^2 = -1 &\iff (x, y) \cdot (x, y) = (-1, 0) \iff (x^2 - y^2, 2xy) = (-1, 0) \\ &\iff x^2 - y^2 = -1 \wedge 2xy = 0 \iff x^2 - y^2 = -1 \wedge \left(x = 0 \vee y = 0 \right) \\ &\iff x = 0 \wedge y^2 = 1 \iff z = (0, 1) \vee z = (0, -1). \end{aligned}$$

Bei der vorletzten Äquivalenz kann der Fall $y = 0$ nicht mehr auftreten, denn sonst folgte der Widerspruch $x^2 = -1 < 0$ für das Element $x \in \mathbb{R}$. $\square$

Bemerkung. Für komplexe Zahlen der Form $(x, 0)$, $(u, 0)$ gelten:

$$(x, 0) + (u, 0) = (x + u, 0),$$
$$(x, 0) \cdot (u, 0) = (x \cdot u, 0).$$

So identifiziert man $(x, 0) \in \mathbb{C}$ mit $x \in \mathbb{R}$ und fasst $\mathbb{R} \subset \mathbb{C}$ als Teilmenge auf. Wegen

$$z = (x, y) = (x, 0) + (0, 1) \cdot (y, 0) = (x, 0) + \mathrm{i} \cdot (y, 0)$$

schreibt man komplexe Zahlen auch in der Form

$$z = x + \mathrm{i}\,y \quad \text{mit } x, y \in \mathbb{R}$$

und kann dann wie gewohnt rechnen, wenn man $\mathrm{i}^2 = -1$ beachtet (überzeugen Sie sich, dass man so dasselbe Ergebnis wie mit Definition V.1 erhält!).

Definition V.3

Für $z = (x, y) = x + \mathrm{i}y$ mit $x, y \in \mathbb{R}$ definiert man:

  (i) $\operatorname{Re} z := x$ (*Realteil* von z),

  (ii) $\operatorname{Im} z := y$ (*Imaginärteil* von z),

  (iii) $\overline{z} := x - \mathrm{i}y$ (*zu z konjugiert komplexe Zahl*),

  (iv) $|z| := \sqrt{x^2 + y^2}$ (*Absolutbetrag* von z).

Bemerkung. $-$ $z = \operatorname{Re} z + \mathrm{i} \operatorname{Im} z$ heißt *Zerlegung in Real- und Imaginärteil.*

  $-$ $z \in \mathbb{R} \iff \operatorname{Im} z = 0.$

  $-$ z heißt *rein imaginär*, $z \in \mathrm{i}\mathbb{R} \iff \operatorname{Re} z = 0.$

  $-$ $|\cdot|$ stimmt auf $\mathbb{R}$ mit dem Absolutbetrag auf $\mathbb{R}$ überein.

Proposition V.4

Rechenregeln. *Für $z, w \in \mathbb{C}$ gelten:*

  (i) $|\operatorname{Re} z| \leq |z|$, $|\operatorname{Im} z| \leq |z|$.

  (ii) $\operatorname{Re} z = \dfrac{1}{2}(z + \overline{z})$, $\operatorname{Im} z = \dfrac{1}{2\mathrm{i}}(z - \overline{z})$.

  (iii) $|z| = |\overline{z}| = \sqrt{z \cdot \overline{z}}$, $|z| = 0 \iff z = 0$.

  (iv) $z^{-1} = \dfrac{1}{z} = \dfrac{\overline{z}}{|z|^2} = \dfrac{\operatorname{Re} z}{|z|^2} - \mathrm{i}\dfrac{\operatorname{Im} z}{|z|^2}$, $z \neq 0$;   *insbesondere* $\dfrac{1}{\mathrm{i}} = -\mathrm{i}$.

(v) $\overline{(z+w)} = \overline{z} + \overline{w}, \quad \overline{zw} = \overline{z} \cdot \overline{w}, \quad \overline{\left(\dfrac{z}{w}\right)} = \dfrac{\overline{z}}{\overline{w}}, \quad w \neq 0.$

(vi) $|z \cdot w| = |z| \cdot |w|, \quad \left|\dfrac{z}{w}\right| = \dfrac{|z|}{|w|}, \quad w \neq 0.$

(vii) $\big||z| - |w|\big| \leq |z + w| \leq |z| + |w| \quad$ (*Dreiecksungleichung*).

Beweis. Wir beweisen eine Auswahl der Behauptungen:

(i) $|z| = \sqrt{(\operatorname{Re} z)^2 + (\operatorname{Im} z)^2} \geq \sqrt{(\operatorname{Re} z)^2} = |\operatorname{Re} z|.$

(ii) $\dfrac{1}{2}(z + \overline{z}) = \dfrac{1}{2}(\operatorname{Re} z + i \operatorname{Im} z + \operatorname{Re} z - i \operatorname{Im} z) = \operatorname{Re} z.$

(iii) Für $z = x + iy, x, y \in \mathbb{R}$, ist $z\overline{z} = (x + iy)(x - iy) = x^2 - (iy)^2 = x^2 + y^2 = |z|^2.$

(iv) $\dfrac{\overline{z}}{|z|^2} \cdot z \overset{\text{(iii)}}{=} \dfrac{|z|^2}{|z|^2} = 1 \implies z^{-1} = \dfrac{\overline{z}}{|z|^2}.$

(v) Für $z = x + iy, \; w = u + iv$ mit $x, y, u, v \in \mathbb{R}$ hat man:
$$\overline{zw} = \overline{(x+iy)(u+iv)} = \overline{xu - yv + iyu + ixv}$$
$$= xu - yv - iyu - ixv = (x - iy)(u - iv) = \overline{z}\,\overline{w}.$$

(vi) $|z \cdot w|^2 = z \cdot w \cdot \overline{z \cdot w} = z \cdot w \cdot \overline{z} \cdot \overline{w} = z\overline{z} \cdot w\overline{w} = |z|^2 \cdot |w|^2.$

(vii) Es gilt
$$|z + w|^2 \overset{\text{(v),(iii)}}{=} (z+w)(\overline{z}+\overline{w}) = z\overline{z} + w\overline{w} + z\overline{w} + \overline{z}w = |z|^2 + |w|^2 + z\overline{w} + \overline{z}w.$$

Aus
$$z\overline{w} + \overline{z}w \overset{\overline{\overline{w}}=w}{=} z\overline{w} + \overline{z\overline{w}} \overset{\text{(ii)}}{=} 2 \cdot \operatorname{Re}(z\overline{w}) \leq 2 \cdot |\operatorname{Re}(z\overline{w})| \overset{\text{(i)}}{\leq} 2|z\overline{w}| \overset{\text{(iii),(v)}}{=} 2\,|z||w|$$

folgt dann
$$|z + w|^2 \leq |z|^2 + |w|^2 + 2|z||w| = (|z| + |w|)^2. \qquad \square$$

Aus Proposition V.4 (iii), (vi) und (vii) folgt sofort (vgl. Definition IV.19):

$(\mathbb{C}, |\cdot|)$ ist ein normierter Raum.

Korollar V.5

Bislang haben wir $\mathbb{R}$ als Teilmenge von $\mathbb{C}$ betrachtet und viele Gemeinsamkeiten von $\mathbb{R}$ und $\mathbb{C}$ festgestellt, etwa bei Rechenregeln und Absolutbetrag. Es gibt allerdings einen ganz wesentlichen Unterschied zwischen $\mathbb{C}$ und $\mathbb{R}$:

Es gibt keine Anordnung auf $\mathbb{C}$.

Satz V.6

Beweis. Angenommen, es gäbe eine Anordnung (> 0) auf $\mathbb{C}$ mit (AO1), (AO2), und (AO3). Dann wäre nach Korollar III.6 $z^2 > 0$ für $z \neq 0$. Nach (AO2) gilt aber
$$0 < i^2 + 1^2 = -1 + 1 = 0 \quad \text{\textreferencemark}. \qquad \square$$

■ 16
Folgen in $\mathbb{C}$

Nachdem $\mathbb{C}$, genau wie $\mathbb{R}$, mit dem Absolutbetrag ein normierter Raum ist, gelten alle Resultate aus Abschnitt IV.12 auch für Folgen in $\mathbb{C}$! Jetzt leiten wir weitere Eigenschaften von Folgen in $\mathbb{C}$ her, die sich umgekehrt auf Folgen in $\mathbb{R}$ übertragen.

Satz V.7

Für $(z_n)_{n\in\mathbb{N}} \subset \mathbb{C}$ ist

(i) *$(z_n)_{n\in\mathbb{N}}$ Cauchy-Folge in $\mathbb{C}$ $\Longleftrightarrow$ $(\operatorname{Re} z_n)_{n\in\mathbb{N}}$, $(\operatorname{Im} z_n)_{n\in\mathbb{N}}$ Cauchy-Folgen in $\mathbb{R}$.*

(ii) *$(z_n)_{n\in\mathbb{N}}$ konvergent in $\mathbb{C}$ $\Longleftrightarrow$ $(\operatorname{Re} z_n)_{n\in\mathbb{N}}$, $(\operatorname{Im} z_n)_{n\in\mathbb{N}}$ konvergent in $\mathbb{R}$; dann:*

$$\lim_{n\to\infty} z_n = \lim_{n\to\infty} \operatorname{Re} z_n + \mathrm{i} \lim_{n\to\infty} \operatorname{Im} z_n.$$

Beweis. Wir beweisen (i); ganz ähnlich zeigt man (ii).

„$\Longleftarrow$": gilt nach den Rechenregeln für Folgen aus Satz IV.23.

„$\Longrightarrow$": Ist $\varepsilon > 0$ beliebig, so gilt nach der Definition einer Cauchy-Folge:

$$\exists N \in \mathbb{N} \ \forall n, m \geq N \colon |z_n - z_m| < \varepsilon.$$

Nach Proposition V.4 (i) folgt dann für $n, m \geq N$

$$|\operatorname{Re} z_n - \operatorname{Re} z_m| = |\operatorname{Re}(z_n - z_m)| \leq |z_n - z_m| < \varepsilon,$$
$$|\operatorname{Im} z_n - \operatorname{Im} z_m| = |\operatorname{Im}(z_n - z_m)| \leq |z_n - z_m| < \varepsilon. \qquad \square$$

Korollar V.8

Ist $(z_n)_{n\in\mathbb{N}} \subset \mathbb{C}$ konvergent, so ist auch $(\overline{z}_n)_{n\in\mathbb{N}}$ konvergent und

$$\lim_{n\to\infty} \overline{z}_n = \overline{\lim_{n\to\infty} z_n}.$$

Beweis. Die Aussage folgt aus Satz V.7 und $\operatorname{Re} \overline{z}_n = \operatorname{Re} z_n$, $\operatorname{Im} \overline{z}_n = -\operatorname{Im} z_n$. $\qquad \square$

Satz V.9

$(\mathbb{C}, |\cdot|)$ ist ein vollständiger normierter Raum.

Beweis. Es sei $(z_n)_{n\in\mathbb{N}} \subset \mathbb{C}$ eine Cauchy-Folge. Nach Satz V.7 (i) sind $(\operatorname{Re} z_n)_{n\in\mathbb{N}}$ und $(\operatorname{Im} z_n)_{n\in\mathbb{N}}$ Cauchy-Folgen in $\mathbb{R}$ und konvergieren damit in $\mathbb{R}$, weil $\mathbb{R}$ vollständig ist. Nach Satz V.7 (ii) konvergiert dann $(z_n)_{n\in\mathbb{N}}$ in $\mathbb{C}$. $\qquad \square$

Satz V.10

von Bolzano[2]-Weierstraß[3]. *Jede beschränkte Folge in $\mathbb{C}$ enthält eine konvergente Teilfolge.*

---

[2]BERNHARD BOLZANO, ∗ 5. Oktober 1781, 18. Dezember 1848 in Prag, böhmischer Mathematiker und Theologe, der einige der von Cauchy wenige Jahre später unabhängig entwickelten Begriffe bereits verwendete.

[3]KARL WEIERSTRASS, ∗ 31. Oktober 1815 in Ostenfelde/Westfalen, 19. Februar 1897 in Berlin, bedeutender deutscher Mathematiker und zuerst als Lehrer tätig, legte mit seiner mathematischen Strenge den Grundstein der heutigen Analysis und war einer der Begründer der komplexen Funktionentheorie.

Zum Beweis benötigen wir einige Vorbereitungen; wir betrachten dazu Folgen in $\mathbb{R}$.

Proposition V.11

Es sei $(x_k)_{k\in\mathbb{N}} \subset \mathbb{R}$. Dann sind die Folgen $(y_n)_{n\in\mathbb{N}}$ und $(\widetilde{y}_n)_{n\in\mathbb{N}} \subset \overline{\mathbb{R}}$, definiert durch

$$y_n := \sup\{x_k : k \geq n\},$$
$$\widetilde{y}_n := \inf\{x_k : k \geq n\},$$

monoton fallend bzw. monoton wachsend; ihre (evtl. uneigentlichen) Grenzwerte

$$\limsup_{k\to\infty} x_k := \lim_{n\to\infty} y_n = \inf\{y_n : n \in \mathbb{N}\},$$
$$\liminf_{k\to\infty} x_k := \lim_{n\to\infty} \widetilde{y}_n = \sup\{y_n : n \in \mathbb{N}\}$$

heißen Limes superior *bzw.* Limes inferior *von $(x_n)_{n\in\mathbb{N}}$.*

Beweis. Für $n, m \in \mathbb{N}$, $n \geq m$, ist $\{x_k : k \geq n\} \subset \{x_k : k \geq m\}$ und damit

$$y_n = \sup\{x_k : k \geq n\} \leq \sup\{x_k : k \geq m\} = y_m. \qquad \square$$

Beispiel

$x_k = (-1)^k$, $k \in \mathbb{N}$: $\limsup_{k\to\infty} x_k = 1$, $\liminf_{k\to\infty} x_k = -1$.

Lemma V.12

Ist $(x_k)_{k\in\mathbb{N}} \subset \mathbb{R}$ beschränkt, so ist $\limsup_{k\to\infty} x_k$ der größte und $\liminf_{k\to\infty} x_k$ der kleinste Häufungswert von $(x_k)_{k\in\mathbb{N}}$.

Beweis. Wir zeigen die Behauptung für den Limes superior. Mit $(x_k)_{k\in\mathbb{N}}$ ist auch die in Proposition V.11 definierte Folge $(y_n)_{n\in\mathbb{N}}$ beschränkt. Aus Satz IV.40 folgt

$$x^* := \limsup_{k\to\infty} x_k = \lim_{n\to\infty} y_n = \inf\{y_n : n \in \mathbb{N}\} < \infty.$$

$\underline{x^* \text{ ist } \textit{größtmöglicher} \text{ Häufungswert}}$: Es sei $\widetilde{x} > x^*$. Da x^* Infimum der y_n ist, gibt es nach Proposition III.15 ein $n_0 \in \mathbb{N}$ mit $x^* \leq y_{n_0} < \widetilde{x}$. Nach Definition von y_{n_0} ist dann $x_k \leq y_{n_0} < \widetilde{x}$, $k \geq n_0$, also ist $\widetilde{x}$ kein Häufungswert von $(x_n)_{n\in\mathbb{N}}$.

$\underline{x^* \text{ ist} \text{ Häufungswert}}$: Da $x^* = \lim_{n\to\infty} y_n$, gibt es für jedes $m \in \mathbb{N}$ ein $n_m \in \mathbb{N}$ mit

$$x^* + \frac{1}{m} > y_{n_m} = \sup\{x_k : k \geq n_m\} \geq x^* > x^* - \frac{1}{m}. \qquad (16.1)$$

Wieder nach Proposition III.15 existiert dann ein $k_m \geq n_m$ mit $x_{k_m} > x^* - \frac{1}{m}$. Mit (16.1) folgt insgesamt

$$x^* + \frac{1}{m} > x_{k_m} > x^* - \frac{1}{m}.$$

Da $m \in \mathbb{N}$ beliebig war, folgt $\lim_{m\to\infty} x_{k_m} = x^*$, also ist x^* Häufungswert. $\qquad \square$

Beweis von Satz V.10. Es sei $(z_n)_{n\in\mathbb{N}} \subset \mathbb{C}$ eine beschränkte Folge.

Ist $(z_n)_{n\in\mathbb{N}} \subset \mathbb{R}$, so folgt die Behauptung direkt aus Lemma V.12, weil man mindestens einen Häufungswert mit dagegen konvergenter Teilfolge hat.

Ist allgemein $(z_n)_{n\in\mathbb{N}} \subset \mathbb{C}$, so sind nach Proposition V.4 (i) auch $(\operatorname{Re} z_n)_{n\in\mathbb{N}}, (\operatorname{Im} z_n)_{n\in\mathbb{N}} \subset \mathbb{R}$ beschränkt. Damit besitzt die reelle Folge $(\operatorname{Re} z_n)_{n\in\mathbb{N}}$ eine konvergente Teilfolge $(\operatorname{Re} z_{n_k})_{k\in\mathbb{N}}$. Als Teilfolge einer beschränkten Folge ist die reelle Folge $(\operatorname{Im} z_{n_k})_{k\in\mathbb{N}}$ beschränkt und hat wiederum eine konvergente Teilfolge $(\operatorname{Im} z_{n_{k_m}})_{m\in\mathbb{N}}$. Insgesamt ist nach Satz V.7 (ii) dann $(z_{n_{k_m}})_{m\in\mathbb{N}}$ eine konvergente Teilfolge von $(z_n)_{n\in\mathbb{N}}$. $\qquad\square$

Bemerkung. Der Satz von Bolzano-Weierstraß in $\mathbb{R}$ ist eine weitere äquivalente Formulierung der Vollständigkeit von $\mathbb{R}$.

Proposition V.13 *Für eine Folge $(x_n)_{n\in\mathbb{N}} \subset \mathbb{R}$ gilt:*

$$(x_n)_{n\in\mathbb{N}} \text{ konvergent} \quad\Longleftrightarrow\quad \limsup_{n\to\infty} x_n = \liminf_{n\to\infty} x_n;$$

in diesem Fall ist

$$\lim_{n\to\infty} x_n = \limsup_{n\to\infty} x_n = \liminf_{n\to\infty} x_n.$$

Beweis. Der Beweis ist eine gute Übung, da man hier die sperrigen Begriffe Limes superior bzw. inferior mit dem vertrauteren Begriff des Limes zu verbinden lernt. $\quad\square$

■ 17
Reihen

In diesem Abschnitt betrachten wir Folgen in normierten Räumen, insbesondere Folgen in $(\mathbb{R}, |\cdot|)$ oder $(\mathbb{C}, |\cdot|)$. Anders als in metrischen Räumen hat man darin auch eine Addition, und wir können unendliche Summen $x_1 + x_2 + x_3 + \cdots$ betrachten.

Definition V.14 Es sei $(V, \|\cdot\|)$ ein normierter Raum und $(x_k)_{k\in\mathbb{N}_0} \subset V$. Definiere

$$s_n := \sum_{k=0}^{n} x_k, \quad n \in \mathbb{N}_0.$$

Dann heißt die Folge $(s_n)_{n\in\mathbb{N}_0}$ *Reihe* in V, formal bezeichnet mit $\sum_{k=0}^{\infty} x_k$; man nennt s_n die *n-te Partialsumme* und x_k den *k-ten Summanden* der Reihe. Die Reihe $\sum_{k=0}^{\infty} x_k$ heißt *konvergent* (*divergent*), wenn die Folge $(s_n)_{n\in\mathbb{N}_0}$ der Partialsummen *konvergent* (bzw. *divergent*) ist; ist $s := \lim_{n\to\infty} s_n$, so schreibt man

$$s = \sum_{k=0}^{\infty} x_k.$$

Indem man die ersten Folgenglieder 0 setzt, können Reihen auch erst bei $k = 1$ oder $k = n_0$ mit einem beliebigen $n_0 \in \mathbb{N}$ beginnen.

Beispiele

– $\displaystyle\sum_{k=0}^{\infty} \frac{1}{k!}$ ist konvergent, denn nach Proposition IV.47 ist $\displaystyle\sum_{k=0}^{\infty} \frac{1}{k!} = e$.

– $\displaystyle\sum_{k=1}^{\infty} \left(1 + \frac{1}{k}\right)$ ist divergent, weil $(s_n)_{n\in\mathbb{N}}$ unbeschränkt ist:

$$s_n = \sum_{k=1}^{n} \left(1 + \frac{1}{k}\right) \geq \sum_{k=1}^{n} 1 = n, \quad n \in \mathbb{N}.$$

Es ist scheinbar ein Widerspruch, dass man unendlich viele Zahlen aufsummieren und dennoch ein endliches Ergebnis erhalten kann. Das Geheimnis dahinter ist, dass dies nur unter starken Bedingungen für diese Zahlen gilt.

Satz V.15

Es sei $(V, \|\cdot\|)$ ein normierter Raum und $(x_k)_{k\in\mathbb{N}} \subset V$. Dann gilt:

$$\sum_{k=0}^{\infty} x_k \text{ konvergent} \implies (x_k)_{k\in\mathbb{N}} \text{ Nullfolge.}$$

Beweis. Nach Voraussetzung konvergiert $(s_n)_{n\in\mathbb{N}}$ mit $s_n := \sum_{k=0}^{n} x_k$, ist also nach Satz IV.11 eine Cauchy-Folge. Daher existiert zu beliebigem $\varepsilon > 0$ ein $N \in \mathbb{N}$ mit

$$\forall\, n, m \geq N \colon |s_n - s_m| < \varepsilon.$$

Mit $n = m + 1$ gilt dann speziell

$$\forall\, n \geq N \colon |x_{m+1}| = |s_{m+1} - s_m| < \varepsilon.$$

Da $\varepsilon > 0$ beliebig war, ist $\lim_{k\to\infty} x_k = 0$ gezeigt. $\qquad\square$

Die Bedingung, dass die Folgenglieder $(x_k)_{k\in\mathbb{N}}$ eine Nullfolge bilden, ist zwar notwendig für die Konvergenz der Reihe, aber nicht hinreichend! Ein Beispiel dafür ist:

Beispiel V.16

Harmonische Reihe. $\displaystyle\sum_{k=1}^{\infty} \frac{1}{k}$ ist divergent.

Beweis. Für die Partialsummen $s_n := \sum_{k=1}^{n} \frac{1}{k}$, $n \in \mathbb{N}$, gilt:

$$|s_{2n} - s_n| = \sum_{k=n+1}^{2n} \frac{1}{k} \geq \sum_{k=n+1}^{2n} \frac{1}{2n} = n \cdot \frac{1}{2n} = \frac{1}{2}, \quad n \in \mathbb{N}.$$

Damit ist $(s_n)_{n\in\mathbb{N}}$ keine Cauchy-Folge, also nach Satz IV.11 nicht konvergent. $\qquad\square$

Beispiel V.17

Geometrische Reihe. Es sei $z \in \mathbb{C}$. Dann ist

$$\sum_{k=0}^{\infty} z^k \text{ konvergent für } |z| < 1, \quad \sum_{k=0}^{\infty} z^k = \frac{1}{1-z},$$

$$\sum_{k=0}^{\infty} z^k \text{ divergent für } |z| \geq 1.$$

Beweis. $|z| < 1$: Dann ist $(|z|^k)_{k \in \mathbb{N}_0}$ Nullfolge, also nach Proposition IV.26 (ii) auch $(z^k)_{k \in \mathbb{N}_0}$. Man überlegt sich leicht, dass die geometrische Summenformel aus Satz II.7 auch für komplexe Zahlen gilt. Zusammen mit den Rechenregeln aus Satz IV.23 und Satz IV.28 folgt dann für $n \in \mathbb{N}$:

$$s_n := \sum_{k=0}^{n} z^k = \frac{1 - z^{n+1}}{1 - z} \longrightarrow \frac{1 - \lim_{n \to \infty} z^{n+1}}{1 - z} = \frac{1}{1 - z}, \quad n \to \infty.$$

$|z| \geq 1$: Dann ist $|z|^k \geq 1$, $k \in \mathbb{N}_0$, also ist $(z^k)_{k \in \mathbb{N}_0}$ keine Nullfolge. Damit folgt die Behauptung aus Satz V.15. $\qquad\square$

Bemerkung V.18   *Da Reihen spezielle Folgen sind, gelten die üblichen Rechenregeln; z.B. gilt nach Satz IV.23 für $(x_k)_{k \in \mathbb{N}}$, $(y_k)_{k \in \mathbb{N}} \subset V$ und $\lambda \in K$ (wenn V Vektorraum über K ist)*

$$\sum_{k=0}^{\infty}(x_k + y_k) = \sum_{k=0}^{\infty} x_k + \sum_{k=0}^{\infty} y_k, \qquad \sum_{k=0}^{\infty}(\lambda x_k) = \lambda \sum_{k=0}^{\infty} x_k,$$

falls die Reihen auf den beiden rechten Seiten konvergieren.

Wie stellt man nun allgemein fest, ob eine Reihe konvergiert oder nicht? Der erste und einfachste Test ist zu prüfen, ob die Summanden überhaupt eine Nullfolge bilden. Wenn ja, braucht man weitere Kriterien.

Satz V.19   **Cauchy-Kriterium.** *Es sei $(V, \|\cdot\|)$ ein vollständiger normierter Raum und $(x_k)_{k \in \mathbb{N}} \subset V$. Dann ist $\sum_{k=0}^{\infty} x_k$ genau dann konvergent, wenn*

$$\forall \varepsilon > 0 \; \exists N \in \mathbb{N} \; \forall n, m \geq N, \; m > n: \; \left| \sum_{k=n+1}^{m} x_k \right| < \varepsilon. \tag{17.1}$$

Beweis. Die Behauptung folgt aus Satz IV.11, angewendet auf die Folge der Partialsummen $(s_n)_{n \in \mathbb{N}}$, weil V vollständig ist. $\qquad\square$

Speziell für Reihen nichtnegativer Zahlen in $\mathbb{R}$ kann man ein sehr praktisches Kriterium mit Hilfe der Monotonie der Partialsummen herleiten.

Satz V.20   *Es sei $(x_k)_{k \in \mathbb{N}_0} \subset [0, \infty)$. Dann gilt mit $s_n := \sum_{k=0}^{n} x_k$, $n \in \mathbb{N}$:*

$$\sum_{k=0}^{\infty} x_k \text{ konvergent} \iff (s_n)_{n \in \mathbb{N}_0} \text{ beschränkt;}$$

dann gilt $\sum_{k=0}^{\infty} x_k = \sup\{s_n : n \in \mathbb{N}_0\}$.

Beweis. Da $x_k \geq 0$, $k \in \mathbb{N}_0$, ist die Folge $(s_n)_{n \in \mathbb{N}_0}$ der Partialsummen monoton wachsend. Wendet man Satz IV.40 auf $(s_n)_{n \in \mathbb{N}_0}$ an, folgt die Behauptung. $\qquad\square$

$\sum_{k=1}^{\infty} \frac{1}{k^2}$ ist konvergent nach Satz V.20, da $\frac{1}{k^2} > 0$ für $k \in \mathbb{N}$ und

$$s_n = 1 + \sum_{k=2}^{n} \frac{1}{k^2} \le 1 + \sum_{k=2}^{n} \frac{1}{k(k-1)} = 1 + \sum_{k=2}^{n} \left(\frac{1}{k-1} - \frac{1}{k} \right)$$

$$= 1 + \sum_{k=1}^{n-1} \frac{1}{k} - \sum_{k=2}^{n} \frac{1}{k} = 1 + 1 - \frac{1}{n} < 2, \qquad n \in \mathbb{N};$$

auf den Wert der Reihe, der sich als $\frac{\pi^2}{6}$ herausstellen wird, kommen wir später zurück (Beispiel VIII.39), wenn wir die Zahl π eingeführt haben (Aufgabe VI.4).

Auch für Reihen reeller Zahlen mit wechselnden Vorzeichen gibt es ein einfaches Konvergenzkriterium.

Eine *alternierende Reihe* ist eine Reihe in $\mathbb{R}$, in der je zwei aufeinanderfolgende Summanden verschiedene Vorzeichen haben, d.h. eine Reihe der Form

$$\pm \sum_{k-0}^{\infty} (-1)^k x_k \quad \text{mit} \quad x_k \ge 0, \ k \in \mathbb{N}_0.$$

Leibniz[4]-Kriterium für alternierende Reihen. *Ist $(x_k)_{k \in \mathbb{N}_0} \subset [0, \infty)$ eine monoton fallende Nullfolge, so ist*

$$\sum_{k=0}^{\infty} (-1)^k x_k \qquad (17.2)$$

konvergent (gegen $s \in \mathbb{R}$); für die Partialsummen $s_n := \sum_{k=0}^{n} (-1)^k x_k$, $n \in \mathbb{N}$, gilt dann die Abschätzung

$$|s - s_n| \le x_{n+1}, \quad n \in \mathbb{N}_0. \qquad (17.3)$$

Beweis. Wir zeigen zunächst zwei Hilfsbehauptungen.

Behauptung 1: $(s_{2m})_{m \in \mathbb{N}_0}$ ist monoton fallend, $(s_{2m+1})_{m \in \mathbb{N}_0}$ monoton wachsend.

Beweis: Zum Beispiel gilt für $m \in \mathbb{N}_0$, da $(x_k)_{k \in \mathbb{N}_0}$ monoton fallend ist,

$$s_{2m+2} - s_{2m} = (-1)^{2m+1} x_{2m+1} + (-1)^{2m+2} x_{2m+2} = x_{2m+2} - x_{2m+1} \le 0.$$

Behauptung 2: $s_1 \le s_{2m} \le s_0$, $\quad s_1 \le s_{2m+1} \le s_0$, $\quad m \in \mathbb{N}_0$.

Beweis: Nach Behauptung 1 gilt $s_{2m} \le s_0, s_1 \le s_{2m+1}$ für $m \in \mathbb{N}_0$. Außerdem ist

$$s_{2m} - s_{2m+1} = -(-1)^{2m+1} x_{2m+1} = x_{2m+1} \ge 0.$$

Also ist insgesamt $s_1 \le s_{2m+1} \le s_{2m} \le s_0$ für beliebiges $m \in \mathbb{N}_0$.

---

[4]GOTTFRIED WILHELM FREIHERR VON LEIBNIZ, * 1. Juli 1646 in Leipzig, 14. November 1716 in Hannover, deutscher Universalgelehrter und Begründer der Differential- und Integralrechnung in Konkurrenz mit Newton.

Nach den Behauptungen 1 und 2 sowie nach Satz IV.40 existieren dann

$$s := \lim_{m \to \infty} s_{2m}, \quad t := \lim_{m \to \infty} s_{2m+1}. \tag{17.4}$$

Damit ist nach Satz IV.23 und weil $(x_k)_{k \in \mathbb{N}_0}$ Nullfolge ist

$$s - t = \lim_{m \to \infty} (s_{2m} - s_{2m+1}) = \lim_{m \to \infty} x_{2m+1} = 0.$$

Nun sei $\varepsilon > 0$ beliebig vorgegeben. Wegen (17.4) existieren $N_1, N_2 \in \mathbb{N}$ mit

$$\forall m \in \mathbb{N},\ 2m \geq N_1 \colon |s_{2m} - s| < \varepsilon,$$
$$\forall m \in \mathbb{N},\ 2m \geq N_2 \colon |s_{2m-1} - s| = |s_{2m-1} - t| < \varepsilon.$$

Insgesamt folgt $|s_n - s| < \varepsilon$ für $n \geq \max\{N_1, N_2\}$. Also ist $(s_n)_{n \in \mathbb{N}}$ und damit die alternierende Reihe (17.2) konvergent. Nach Satz IV.40 und (17.4) ist

$$s = \inf\{s_{2m} \colon m \in \mathbb{N}\}, \quad s = t = \sup\{s_{2m-1} \colon m \in \mathbb{N}\}.$$

Damit und mit Behauptung 1 folgt schließlich für $m \in \mathbb{N}$:

$$0 \leq s_{2m} - s \leq s_{2m} - s_{2m+1} = x_{2m+1},$$
$$0 \leq s - s_{2m+1} \leq s_{2m} - s_{2m-1} = x_{2m}. \qquad \square$$

Mit Hilfe des Leibniz-Kriteriums können wir jetzt sofort die Konvergenz der beiden folgenden Reihen ablesen, deren Grenzwerte wir erst nach der Definition von Logarithmus und Arcus Tangens berechnen können (Korollar IX.19, Aufgabe VIII.7).

Beispiel V.24 **Alternierende harmonische Reihe.** $\displaystyle\sum_{k=1}^{\infty} (-1)^{k-1} \frac{1}{k}$ ist konvergent in $\mathbb{R}$.

Beispiel V.25 $\displaystyle\sum_{k=0}^{\infty} (-1)^k \frac{1}{2k+1}$ ist konvergent in $\mathbb{R}$ (vgl. Beispiel IV.12).

Reihen mit viel einfacheren Grenzwerten begegnen wir unbewusst laufend im Alltag, z.B. wenn man in einen Taschenrechner auf einem Handy 1/3 eingibt und die Ziffernfolge 0.333333333... angezeigt bekommt. Wir erkennen darin die ersten Stellen der Dezimaldarstellung von 1/3, die tatsächlich eine unendliche Reihe ist.

Definition V.26 Es sei $b \in \mathbb{N}$, $b \geq 2$ fest. Ein (unendlicher) *b-adischer Bruch* ist eine Reihe der Gestalt

$$\pm\left(a_{-l}b^l + a_{-(l-1)}b^{l-1} + \cdots + a_{-1}b + \sum_{k=-0}^{\infty} a_k b^{-k}\right) =: \pm \sum_{k=-l}^{\infty} a_k b^{-k} \tag{17.5}$$

mit $l \in \mathbb{N}_0$, $a_k \in \{0, 1, \ldots, b-1\}$ für $k \in \mathbb{Z}$, $k \geq -l$. Für (17.5) schreibt man auch

$$a_{-l}a_{-(l-1)} \ldots a_0 , a_1 a_2 \ldots . \tag{17.6}$$

Gilt $a_k = 0$ für $k \geq l_0$ mit einem $l_0 \geq -l$, so heißt der *b*-adische Bruch endlich.

Die Babylonier verwendeten in ihrem Rechensystem $b = 60$. Für die uns vertraute Dezimaldarstellungen ist $b = 10$. Im elektronischen Zeitalter mindestens so wichtig sind dyadische Darstellungen mit $b = 2$, wo man nur die Ziffern 0, 1 braucht.

> *Jeder b-adische Bruch konvergiert gegen ein reelle Zahl.* **Satz V.27**

Beweis. Es reicht, in (17.5) + zu betrachten und zu zeigen, dass die Partialsummen

$$s_n := \sum_{k=-l}^{n} a_k b^{-k}, \quad n \in \mathbb{Z}, \ n \geq -l,$$

eine Cauchy-Folge bilden. Dazu sei $\varepsilon > 0$ beliebig. Da $b \geq 2 > 1$, existiert nach Satz III.13 (i) ein $N \in \mathbb{N}$ mit $b^{-N} < \varepsilon$. Dann gilt für $m > n \geq N$, wenn wir $0 \leq a_k \leq b - 1$ und die Formel für die geometrische Reihe (Beispiel V.17) benutzen,

$$|s_m - s_n| = \left| \sum_{k=-l}^{m} a_k b^{-k} - \sum_{k=-l}^{n} a_k b^{-k} \right| = \sum_{k=n+1}^{m} a_k b^{-k}$$

$$\leq \sum_{k=n+1}^{m} (b-1) b^{-k} \overset{\kappa = k - (n+1)}{=} (b-1) \cdot \sum_{\kappa=0}^{m-(n+1)} b^{-(\kappa + n + 1)}$$

$$\leq (b-1) b^{-(n+1)} \sum_{\kappa=0}^{\infty} b^{-\kappa} \overset{\text{Bsp. V.17}}{=} (b-1) b^{-(n+1)} \frac{1}{1 - \frac{1}{b}}$$

$$= b^{-n} \leq b^{-N} < \varepsilon. \qquad \square$$

Noch wichtiger ist die Umkehrung von Satz V.27, die uns die so abstrakt eingeführten reellen Zahlen wieder vertrauter macht.

> *Jede reelle Zahl lässt sich als b-adischer Bruch darstellen.* **Satz V.28**

Beweis. Es genügt, den Fall $x \in \mathbb{R}, x \geq 0$, zu betrachten. Da $b \geq 2 > 1$, existiert nach Satz III.13 (i) ein $N \in \mathbb{N}$ mit

$$0 \leq x < b^{N+1}, \tag{17.7}$$

und wir wählen das kleinste N mit dieser Eigenschaft. Die Behauptung folgt, wenn wir durch Induktion zeigen, dass Zahlen $a_k \in \{0, 1, \dots, b-1\}$, $k = -N, -N+1, \dots$, und eine Folge $(\zeta_n)_{n \in \mathbb{N}}$ mit $0 \leq \zeta_n < b^{-n}$ existieren mit

$$x = \sum_{k=-N}^{n} a_k b^{-k} + \zeta_n, \quad n \in \mathbb{N};$$

denn dann ist $0 \leq \lim_{n \to \infty} \zeta_n \leq \lim_{n \to \infty} b^{-n} = 0$ und damit $x = \sum_{k=-N}^{\infty} a_k b^{-k}$.

$\underline{n = -N}$: Nach (17.7) ist $0 \leq xb^{-N} < b$, also existieren $a_{-N} \in \{0, 1, \dots, b-1\}$ und $0 \leq \delta_{-N} < 1$ mit

$$xb^{-N} = a_{-N} + \delta_{-N}.$$

Setze $\zeta_{-N} := \delta_{-N} b^N$. Dann ist $0 \leq \zeta_{-N} < b^N$ und

$$x = a_{-N} b^N + \zeta_{-N}.$$

$n \rightsquigarrow n+1$: Nach Induktionsvoraussetzung gilt $0 \leq \zeta_n b^{n+1} < b$. Folglich gibt es $a_{n+1} \in \{0, 1, \ldots, b-1\}$ und $0 \leq \delta_{n+1} < 1$ mit

$$\zeta_n b^{n+1} = a_{n+1} + \delta_{n+1}.$$

Setze $\zeta_{n+1} := \delta_{n+1} b^{-(n+1)}$. Dann ist $0 \leq \zeta_{n+1} < b^{-(n+1)}$ und nach Induktionsvoraussetzung

$$x = \sum_{k=-N}^{n} a_k b^{-k} + \zeta_n = \sum_{k=-N}^{n} a_k b^{-k} + a_{n+1} b^{-(n+1)} + \zeta_{n+1}. \qquad \square$$

Bemerkung V.29

– *Nach Satz V.28 lässt sich jede reelle Zahl beliebig genau durch rationale Zahlen approximieren (denn die Partialsummen sind in $\mathbb{Q}$!).*

– *Die b-adische Darstellung (17.5) ist nicht eindeutig, z.B. ist für $b = 10$:*

$$0.999\ldots = \sum_{k=1}^{\infty} 9 \cdot 10^{-k} = \frac{9}{10} \sum_{k=0}^{\infty} \left(\frac{1}{10}\right)^k \overset{geom. Reihe}{=} \frac{9}{10} \frac{1}{1 - \frac{1}{10}} = 1,$$

also $0.9999\ldots = 1.0000\ldots$. Die Darstellung wird eindeutig, wenn man ausschließt, dass $a_k = 9$ für alle bis auf endlich viele $k \in \mathbb{N}$.

Die b-adische Darstellung reeller Zahlen lässt sich auch benutzen, um einen wichtigen Unterschied zwischen den rationalen und den reellen Zahlen herauszufinden. Beides sind ja unendliche Mengen, aber wie unendlich?

Definition V.30   Es seien X und Y Mengen. Dann heißen

(i) *X, Y gleichmächtig, $X \sim Y :\Longleftrightarrow$ es gibt eine bijektive Abbildung $f : X \to Y$,*

(ii) *X abzählbar $:\Longleftrightarrow \exists W \subset \mathbb{N}: X \sim W$,*

(iii) *X abzählbar unendlich $:\Longleftrightarrow X \sim \mathbb{N}$,*

(iv) *X überabzählbar $:\Longleftrightarrow X$ nicht abzählbar.*

Beispiel $\mathbb{N}$ und $\mathbb{Q}$ sind abzählbar unendlich (Aufgabe V.4).

Satz V.31 $\mathbb{R}$ *ist überabzählbar.*

Beweis. Es genügt zu zeigen, dass das Intervall $[0, 1)$ überabzählbar ist. Angenommen, $[0, 1)$ wäre abzählbar. Dann existiert eine Folge $(x_n)_{n\in\mathbb{N}} \subset [0, 1)$, so dass

$$[0, 1) = \{x_n : n \in \mathbb{N}\}. \tag{17.8}$$

Nach Satz V.28 und Bemerkung V.29 hat jedes $x_n, n \in \mathbb{N}$, eine eindeutige Dezimaldarstellung, d.h., es existieren $a_{nk} \in \{0, 1, \ldots, 9\}, \; k \in \mathbb{N}, \; n \in \mathbb{N}$, mit

$$x_n = \sum_{k=1}^{\infty} a_{nk} 10^{-k} = 0. a_{n1} a_{n2} a_{n3} \ldots, \quad n \in \mathbb{N}.$$

Definiere $y \in [0, 1)$ durch

$$y := \sum_{k=1}^{\infty} y_k 10^{-k} = 0. y_1 y_2 y_3 \ldots, \quad y_k := \begin{cases} 1, & \text{falls } a_{kk} \neq 1, \\ 2, & \text{falls } a_{kk} = 1. \end{cases}$$

Dann ist nach Konstruktion $y_k \neq a_{kk}, k \in \mathbb{N}$. Da $y \in [0, 1)$, existiert nach (17.8) ein $n_0 \in \mathbb{N}$ mit $y = x_{n_0}$. Da die Dezimaldarstellung nach Bemerkung V.29 eindeutig gewählt war, folgt $y_k = a_{n_0 k}, k \in \mathbb{N}$, also der Widerspruch $y_{n_0} = a_{n_0 n_0}$. $\qquad \square$

Die Menge der irrationalen Zahlen $\mathbb{R} \setminus \mathbb{Q}$ ist überabzählbar. **Korollar V.32**

Beweis. Wäre $\mathbb{R} \setminus \mathbb{Q}$ abzählbar, so wäre $\mathbb{R} = (\mathbb{R} \setminus \mathbb{Q}) \dot\cup \mathbb{Q}$ als endliche Vereinigung abzählbarer Mengen abzählbar, im Widerspruch zu Satz V.31. $\qquad \square$

■ 18
Absolute Konvergenz

Im Unterschied zu Folgen gibt es bei der Konvergenz von Reihen unterschiedliche Qualitäten. Ist etwa $(x_k)_{k \in \mathbb{N}} \subset \mathbb{R}$ oder $\mathbb{C}$, dann gilt immer

$$(x_k)_{k \in \mathbb{N}} \text{ konvergent} \implies (|x_k|)_{k \in \mathbb{N}} \text{ konvergent};$$

für die entsprechende Reihe muss das aber nicht gelten:

$$\sum_{k=0}^{\infty} x_k \text{ konvergent} \not\Longrightarrow \sum_{k=0}^{\infty} |x_k| \text{ konvergent}.$$

Das beste Beispiel dafür ist, dass die alternierende harmonische Reihe konvergiert, während die harmonische Reihe divergiert!

Es seien $(V, \| \cdot \|)$ ein normierter Raum und $(x_k)_{k \in \mathbb{N}_0} \subset V$. Dann heißt die Reihe $\sum_{k=0}^{\infty} x_k$ *absolut konvergent* in V, wenn die Reihe **Definition V.33**

$$\sum_{k=0}^{\infty} \|x_k\| \text{ in } \mathbb{R} \text{ konvergiert.}$$

Satz V.34

Ist $(V, \|\cdot\|)$ ein vollständiger normierter Raum und $(x_k)_{k\in\mathbb{N}_0} \subset V$, so gilt

$$\sum_{k=0}^{\infty} x_k \text{ absolut konvergent} \implies \sum_{k=0}^{\infty} x_k \text{ konvergent.}$$

Beweis. Es sei $\varepsilon > 0$ beliebig. Dann gibt es nach Voraussetzung ein $N \in \mathbb{N}$ mit

$$\forall\, m > n \geq N: \sum_{k=n+1}^{m} \|x_k\| < \varepsilon.$$

Mit der Dreiecksungleichung folgt dann sofort für alle $m > n \geq N$

$$\left\| \sum_{k=n+1}^{m} x_k \right\| \leq \sum_{k=n+1}^{m} \|x_k\| < \varepsilon. \qquad \square$$

Proposition V.35

Verallgemeinerte Dreiecksungleichung. *Es seien $(V, \|\cdot\|)$ ein normierter Raum und $(x_k)_{k\in\mathbb{N}_0} \subset V$. Ist $\sum_{k=0}^{\infty} x_k$ absolut konvergent, so gilt*

$$\left\| \sum_{k=0}^{\infty} x_k \right\| \leq \sum_{k=0}^{\infty} \|x_k\|.$$

Beweis. Benutze die übliche Dreiecksungleichung für die Partialsummen! $\qquad \square$

Für die absolute Konvergenz einer Reihe gibt es drei wichtige Kriterien, das *Majoranten-*, das *Quotienten-* und das *Wurzelkriterium*. Welches am besten geeignet ist, hängt von der speziellen Reihe ab. Man kann auch eines nach dem anderen testen (nachdem man geprüft hat, dass die Summanden eine Nullfolge bilden!).

Satz V.36

Majorantenkriterium. *Es seien $(V, \|\cdot\|)$ ein vollständiger normierter Raum und $(x_k)_{k\in\mathbb{N}_0} \subset V$. Gibt es eine Folge $(c_k)_{k\in\mathbb{N}_0} \subset [0, \infty)$ und $k_0 \in \mathbb{N}$ mit*

$$\forall\, k \geq k_0: \|x_k\| \leq c_k, \quad \sum_{k=0}^{\infty} c_k \text{ konvergent in } \mathbb{R}, \qquad (18.1)$$

so ist $\sum_{k=0}^{\infty} x_k$ absolut konvergent $\left(\text{mit Majorante } \sum_{k=0}^{\infty} c_k\right)$.

Beweis. Es sei $\varepsilon > 0$ beliebig. Nach Voraussetzung (18.1) gibt es ein $N \in \mathbb{N}$ mit

$$\forall\, m > n \geq N: \sum_{k=n+1}^{m} \underbrace{\|x_k\|}_{\leq c_k} \leq \sum_{k=n+1}^{m} c_k < \varepsilon.$$

Also ist $\sum_{k=0}^{\infty} \|x_k\|$ konvergent nach dem Cauchy-Kriterium (Satz V.19). $\qquad \square$

$\sum_{k=1}^{\infty} \frac{k!}{k^k}$ ist absolut konvergent, da für $k \in \mathbb{N}$

$$\frac{k!}{k^k} = \frac{1 \cdot 2 \cdot 3 \cdots k}{k \cdot k \cdot k \cdots k} \le \frac{2}{k^2}$$

gilt und $\sum_{k=1}^{\infty} \frac{1}{k^2}$ nach Beispiel V.21 konvergiert.

Wurzelkriterium. *Es seien $(V, \|\cdot\|)$ ein vollständiger normierter Raum und $(x_k)_{k \in \mathbb{N}_0} \subset V$ mit*

$$\alpha := \limsup_{k \to \infty} \sqrt[k]{\|x_k\|}.$$

(i) *Ist $\alpha < 1$, so ist $\sum_{k=0}^{\infty} x_k$ absolut konvergent.*

(ii) *Ist $\alpha > 1$, so ist $\sum_{k=0}^{\infty} x_k$ divergent.*

Ist $\alpha = 1$, kann man keine Aussage über die Konvergenz der Reihe machen.

Beweis. (i) Ist $\alpha < 1$, so gibt es ein $q \in \mathbb{R}$ mit $\alpha < q < 1$. Da α als Limes superior größter Häufungswert der Folge $(\sqrt[k]{\|x_k\|})_{k \in \mathbb{N}_0}$ ist (Lemma V.12), existiert $K \in \mathbb{N}$ mit $\sqrt[k]{\|x_k\|} < q$ und damit $\|x_k\| < q^k$, $k \ge K$. Da $0 \le q < 1$, ist

$$\sum_{k=0}^{\infty} q^k$$

eine konvergente Majorante für $\sum_{k=0}^{\infty} x_k$, und die Behauptung folgt mit Satz V.36.

(ii) Es sei $\alpha > 1$. Da α Häufungswert der Folge $(\sqrt[k]{\|x_k\|})_{k \in \mathbb{N}_0}$ ist (Lemma V.12), gibt es eine Teilfolge $(x_{k_m})_{m \in \mathbb{N}_0}$ mit $\sqrt[k_m]{\|x_{k_m}\|} \ge 1$, $m \in \mathbb{N}_0$. Dann ist aber $(x_k)_{k \in \mathbb{N}}$ keine Nullfolge, und die Behauptung folgt aus Satz V.15.

Ist $\alpha = 1$, so ist für die Reihen $\sum_{k=1}^{\infty} \frac{1}{k^s}$ mit $s = 1, 2$ jeweils $\alpha = \lim_{k \to \infty} \sqrt[k]{k^s} = 1$ (Beispiel IV.45); während für $s = 1$ die (harmonische) Reihe divergiert, konvergiert die Reihe für $s = 2$ (Beispiele V.16 und V.21) $\qquad\square$

Quotientenkriterium. *Es seien $(V, \|\cdot\|)$ ein vollständiger normierter Raum und $(x_k)_{k \in \mathbb{N}_0} \subset V$ mit $x_k \ne 0$ für $k \ge k_0$ mit einem $k_0 \in \mathbb{N}_0$.*

(i) *Existieren $0 < q < 1$ und $K \in \mathbb{N}_0$, $K \ge k_0$, mit:*

$$\forall \, k \ge K : \frac{\|x_{k+1}\|}{\|x_k\|} \le q,$$

so konvergiert $\sum_{k=0}^{\infty} x_k$ absolut.

(ii) *Existiert ein $K \in \mathbb{N}_0$, $K \ge k_0$, mit*

$$\forall \, k \ge K : \frac{\|x_{k+1}\|}{\|x_k\|} \ge 1,$$

so divergiert $\sum_{k=0}^{\infty} x_k$.

Beweis. (i) Nach Voraussetzung gilt $\|x_{k+1}\| \leq q\|x_k\|$ für $k \geq K$, also folgt induktiv:

$$\|x_k\| \leq q^{k-K}\|x_K\| = \frac{\|x_K\|}{q^K}q^k =: c \cdot q^k, \quad k \geq K.$$

Da $q < 1$, ist $c \cdot \sum_{k=0}^{\infty} q^k$ eine konvergente Majorante für $\sum_{k=0}^{\infty} x_k$. Damit ist $\sum_{k=0}^{\infty} x_k$ nach dem Majorantenkriterium (Satz V.36) absolut konvergent.

(ii) Nach Voraussetzung ist $\|x_k\| \geq \|x_K\| > 0$ für $k \geq K$. Also ist $(\|x_k\|)_{k\in\mathbb{N}}$ keine Nullfolge, und die Behauptung folgt aus Satz V.15. $\qquad\square$

Bemerkung V.40

Die Bedingung in Satz V.39 (i) ist äquivalent zu $\lim\limits_{k\to\infty} \frac{\|x_{k+1}\|}{\|x_k\|} < 1$. Dafür reicht es nicht zu zeigen:

$$\forall\, k \geq K: \frac{\|x_{k+1}\|}{\|x_k\|} < 1, \tag{18.2}$$

weil man im Limes die strikte Ungleichung verlieren kann. Zum Beispiel erfüllt die harmonische Reihe $\sum_{k=1}^{\infty} \frac{1}{k}$ Bedingung (18.2), ist aber nicht konvergent (Beispiel V.16).

Beispiele

- $\displaystyle\sum_{k=1}^{\infty} \frac{k^2}{2^k}$ ist (absolut) konvergent nach Quotientenkriterium und nach Bemerkung V.40, denn

$$\frac{|x_{k+1}|}{|x_k|} = \frac{(k+1)^2}{2^{k+1}}\frac{2^k}{k^2} = \frac{1}{2}\left(1+\frac{1}{k}\right)^2 \longrightarrow \frac{1}{2}, \quad k \to \infty;$$

in Satz V.39 (i) kann man $q \in (\frac{1}{2}, 1)$ beliebig wählen, z.B. $q = \frac{3}{4}$.

- $\displaystyle\sum_{k=0}^{\infty} \frac{1}{2^{k+(-1)^k}}$ ist (absolut) konvergent nach Wurzelkriterium, denn

$$\limsup_{k\to\infty} \sqrt[k]{|x_k|} = \limsup_{k\to\infty} \frac{1}{2}\sqrt[k]{\frac{1}{2^{(-1)^k}}} = \frac{1}{2} \overbrace{\lim_{k\to\infty} \sqrt[k]{2}}^{=1\ (\text{Beispiel IV.45})} = \frac{1}{2} < 1.$$

$$2^{(-1)^k} = \begin{cases} 2, & k \text{ gerade,} \\ \frac{1}{2}, & k \text{ ungerade.} \end{cases}$$

Das Quotientenkriterium liefert hier nicht die gewünschte Aussage, denn

$$\frac{|x_{k+1}|}{|x_k|} = \frac{2^{k+(-1)^k}}{2^{k+1+(-1)^{k+1}}} = 2^{(-1)^k-1-(-1)^{k+1}} = \begin{cases} 2, & k \text{ gerade,} \\ \frac{1}{8}, & k \text{ ungerade.} \end{cases}$$

Satz V.41

Für alle $z \in \mathbb{C}$ konvergiert $\displaystyle\sum_{k=0}^{\infty} \frac{z^k}{k!}$ absolut. Die so definierte Funktion

$$\exp: \mathbb{C} \to \mathbb{C}, \quad z \mapsto \sum_{k=0}^{\infty} \frac{z^k}{k!}, \tag{18.3}$$

heißt Exponentialfunktion.

Beweis. Eine gute Übung für die Konvergenzkriterien (siehe Aufgabe V.6)! $\quad\square$

Bis jetzt haben wir Reihen immer in der vorgegebenen Reihenfolge summiert. Aber was passiert, wenn wir eine andere Reihenfolge wählen? Wie wirkt sich eine solche Umordnung auf das Konvergenzverhalten aus? Es stellt sich leider heraus, dass nicht jede Umordnung einer konvergenten Reihe wieder konvergent sein muss.

> Ist $(V, \|\cdot\|)$ ein normierter Raum, $(x_k)_{k\in\mathbb{N}} \subset V$ und $\sigma\colon \mathbb{N}_0 \to \mathbb{N}_0$ eine Permutation, so heißt $\sum_{k=0}^{\infty} x_{\sigma(k)}$ *Umordnung* von $\sum_{k=0}^{\infty} x_k$.

Definition V.42

> Eine mögliche Umordnung der alternierenden harmonischen Reihe
>
> $$s := \sum_{k=1}^{\infty} (-1)^{k-1}\frac{1}{k} = 1 - \frac{1}{2} + \frac{1}{3} - \frac{1}{4} + \cdots$$
>
> erhält man, wenn man je einen positiven Term und dann zwei negative summiert:
>
> $$1 - \frac{1}{2} - \frac{1}{4} + \frac{1}{3} - \frac{1}{6} - \frac{1}{8} + \cdots + \frac{1}{2k-1} - \frac{1}{4k-2} - \frac{1}{4k} + \cdots.$$
>
> Man kann zeigen, dass die obige Umordnung gegen $\frac{s}{2}$ konvergiert und dass es sogar Umordnungen gibt, die divergieren (siehe [19, Abschnitt 6.3], [14, (7.9)]).

Beispiel V.43

Dieser Effekt kann bei absolut konvergenten Reihen nicht auftreten:

> **Umordnungssatz.** *Es seien $(V, \|\cdot\|)$ ein vollständiger normierter Raum und $(x_k)_{k\in\mathbb{N}_0} \subset V$. Ist $\sum_{k=0}^{\infty} x_k$ absolut konvergent, so konvergiert jede Umordnung gegen denselben Grenzwert.*

Satz V.44

Beweis. Setze $s := \sum_{k=0}^{\infty} x_k$. Es seien $\sigma\colon \mathbb{N}_0 \to \mathbb{N}_0$ eine Permutation und $\varepsilon > 0$ beliebig. Da die Reihe absolut konvergiert, existiert ein $N \in \mathbb{N}$ mit

$$\forall\, n \geq N: \sum_{k=n}^{\infty} \|x_k\| < \frac{\varepsilon}{2}. \tag{18.4}$$

Für $n \geq N$ ist dann nach verallgemeinerter Dreiecksungleichung (Proposition V.35)

$$\left\| s - \sum_{k=0}^{n} x_k \right\| = \left\| \sum_{k=n+1}^{\infty} x_k \right\| \leq \sum_{k=n+1}^{\infty} \|x_k\| < \frac{\varepsilon}{2}. \tag{18.5}$$

Wir wählen $n_k \in \mathbb{N}$ so, dass $k = \sigma(n_k)$ für $k = 0, 1, \ldots, N$ und setzen damit $\widetilde{N} := \max\{n_k : k = 0, 1, \ldots, N\} \geq N$. Dann ist $\{0, 1, \ldots N\} \subset \{\sigma(0), \sigma(1), \ldots, \sigma(\widetilde{N})\}$, und für $n \geq \widetilde{N} \geq N$ folgt mit (18.4), (18.5)

$$\left\| s - \sum_{k=0}^{n} x_{\sigma(k)} \right\| \leq \left\| s - \sum_{k=0}^{N} x_k \right\| + \left\| \sum_{k=0}^{N} x_k - \sum_{k=0}^{n} x_{\sigma(k)} \right\|$$

$$< \frac{\varepsilon}{2} + \sum_{\substack{k=0 \\ \sigma(k)\notin\{0,1,\ldots,N\}}}^{n} \|x_{\sigma(k)}\| \leq \frac{\varepsilon}{2} + \sum_{k=N+1}^{\infty} \|x_k\| < \varepsilon. \qquad\square$$

Satz V.45   **Doppelreihensatz.** *Es seien* $(V, \|\cdot\|)$ *ein vollständiger normierter Raum,* $x_{kl} \in V$, $k, l \in \mathbb{N}_0$, *und es gelte*

$$M := \sup\left\{\sum_{k=0}^{n}\sum_{l=0}^{n}\|x_{kl}\| : n \in \mathbb{N}_0\right\} < \infty. \tag{18.6}$$

Dann konvergieren

$$\sum_{k=0}^{\infty}\left(\sum_{l=0}^{\infty}x_{kl}\right), \quad \sum_{l=0}^{\infty}\left(\sum_{k=0}^{\infty}x_{kl}\right), \quad \sum_{n=0}^{\infty}\left(\sum_{\substack{k,l=0\\k+l=n}}^{n}x_{kl}\right)$$

absolut und haben denselben Grenzwert; man schreibt dann auch $\sum_{k,l=0}^{\infty}x_{kl}$.

Beweis. Für jedes $k \in \mathbb{N}_0$ ist die Reihe $s_k := \sum_{l=0}^{\infty}x_{kl}$ absolut konvergent nach Satz V.20, denn $(\|x_{kl}\|)_{l\in\mathbb{N}_0} \subset [0, \infty)$, und die zugehörige Folge der Partialsummen $\left(\sum_{l=0}^{m}\|x_{kl}\|\right)_{m\in\mathbb{N}_0}$ ist beschränkt nach Voraussetzung (18.6).

Analog zeigt man, dass für jedes $l \in \mathbb{N}_0$ die Reihe $t_l := \sum_{k=0}^{\infty}x_{kl}$ absolut konvergiert; für jedes $n \in \mathbb{N}_0$ ist $v_n := \sum_{\substack{k,l=0\\k+l=n}}^{n}x_{kl}$ eine endliche Summe. Also sind

$$\sum_{k=0}^{\infty}s_k, \quad \sum_{l=0}^{\infty}t_l \quad \text{und} \quad \sum_{n=0}^{\infty}v_n \tag{18.7}$$

wohldefinierte Reihen. Wir zeigen nun, am Beispiel von $\sum_{k=0}^{\infty}s_k$, dass alle drei Reihen absolut konvergent sind.

Für beliebige $K, L \in \mathbb{N}_0$ gilt nach Dreiecksungleichung und Voraussetzung (18.6)

$$\sum_{k=0}^{K}\left\|\sum_{l=0}^{L}x_{kl}\right\| \leq \sum_{k=0}^{K}\sum_{l=0}^{L}\|x_{kl}\| \leq M < \infty.$$

Nach Korollar IV.37 gilt die Ungleichung dann auch für den Grenzwert $L \to \infty$:

$$\sum_{k=0}^{K}\|s_k\| = \sum_{k=0}^{K}\left\|\sum_{l=0}^{\infty}x_{kl}\right\| \leq M < \infty.$$

Die Behauptung folgt wieder aus Satz V.20, da $(\|s_k\|)_{k\in\mathbb{N}_0} \subset [0, \infty)$. Das schon Bewiesene, angewendet mit $(V, \|\cdot\|) = (\mathbb{R}, |\cdot|)$ und $\|x_{kl}\|$, $k, l \in \mathbb{N}_0$, zeigt, dass auch

$$\sum_{n=0}^{\infty}\left(\sum_{\substack{k,l=0\\k+l=n}}^{n}\|x_{kl}\|\right)$$

absolut konvergiert. Es bleibt noch zu zeigen, dass

$$S := \sum_{k=0}^{\infty}s_k = \sum_{n=0}^{\infty}v_n =: V;$$

daraus folgt die analoge Aussage für die Reihe $\sum_{l=0}^{\infty}t_l$ aus Symmetriegründen. Es sei also $\varepsilon > 0$ beliebig. Wegen der absoluten Konvergenz der jeweiligen Reihen gibt es

$k_0, n_0 \in \mathbb{N}_0, k_0 > n_0$, und dazu $l_0 \in \mathbb{N}_0, l_0 > n_0$, so dass

$$\sum_{k=k_0}^{\infty} \|s_k\| < \frac{\varepsilon}{4}, \quad \sum_{n=n_0}^{\infty} \Big(\sum_{\substack{k,l=0 \\ k+l=n}}^{n} \|x_{kl}\| \Big) < \frac{\varepsilon}{4}, \quad \sum_{l=l_0}^{\infty} \|x_{kl}\| < \frac{\varepsilon}{4k_0}, \quad k = 0, 1, \dots, k_0 - 1.$$

Mit der verallgemeinerten Dreiecksungleichung (Proposition V.35) folgt dann auch

$$\Big| V - \sum_{n=0}^{n_0-1} v_n \Big| \leq \sum_{n=n_0}^{\infty} \|v_n\| \leq \sum_{n=n_0}^{\infty} \Big(\sum_{\substack{k,l=0 \\ k+l=n}}^{n} \|x_{kl}\| \Big) < \frac{\varepsilon}{4}$$

und damit

$$|V - S| = \Big| V - \sum_{k=0}^{k_0-1} s_k + \sum_{k=k_0}^{\infty} s_k \Big| \leq \Big| V - \sum_{k=0}^{k_0-1} s_k \Big| + \sum_{k=k_0}^{\infty} \|s_k\|$$

$$\leq \Big| V - \sum_{k=0}^{k_0-1} \Big(\sum_{l=0}^{l_0-1} x_{kl} + \sum_{l=l_0}^{\infty} x_{kl} \Big) \Big| + \frac{\varepsilon}{4}$$

$$\leq \Big| V - \sum_{k=0}^{k_0-1} \Big(\sum_{l=0}^{l_0-1} x_{kl} \Big) \Big| + \Big| \sum_{k=0}^{k_0-1} \Big(\sum_{l=l_0}^{\infty} x_{kl} \Big) \Big| + \frac{\varepsilon}{4}$$

$$\leq \Big| V - \sum_{\substack{k=0 \\ k+l \leq n_0-1}}^{k_0-1} \Big(\sum_{l=0}^{l_0-1} x_{kl} \Big) - \sum_{\substack{k=0 \\ k+l \geq n_0}}^{k_0-1} \Big(\sum_{l=0}^{l_0-1} x_{kl} \Big) \Big| + \sum_{k=0}^{k_0-1} \Big(\sum_{l=l_0}^{\infty} \|x_{kl}\| \Big) + \frac{\varepsilon}{4}$$

$$\leq \Big| V - \sum_{n=0}^{n_0-1} v_n \Big| + \sum_{\substack{k=0 \\ k+l \geq n_0}}^{k_0-1} \Big(\sum_{l=0}^{l_0-1} \|x_{kl}\| \Big) + k_0 \frac{\varepsilon}{4k_0} + \frac{\varepsilon}{4}$$

$$\leq \frac{3}{4}\varepsilon + \sum_{n-n_0}^{k_0+l_0-2} \Big(\sum_{\substack{k,l=0 \\ k+l=n}}^{n} \|x_{kl}\| \Big) \leq \frac{3}{4}\varepsilon + \sum_{n=n_0}^{\infty} \Big(\sum_{\substack{k,l=0 \\ k+l=n}}^{\infty} \|x_{kl}\| \Big) < \varepsilon. \qquad \square$$

Es sei $K = \mathbb{R}$ oder $\mathbb{C}$ mit dem Absolutbetrag $|\cdot|$ als Norm und $(x_k)_{k \in \mathbb{N}_0}, (y_l)_{l \in \mathbb{N}_0} \subset K$. **Satz V.46**
Sind $\sum_{k=0}^{\infty} x_k, \sum_{l=0}^{\infty} y_l$ absolut konvergent, so ist ihr Cauchy-Produkt

$$\sum_{n=0}^{\infty} \Big(\sum_{k=0}^{n} x_k y_{n-k} \Big)$$

absolut konvergent mit

$$\Big(\sum_{k=0}^{\infty} x_k \Big) \cdot \Big(\sum_{l=0}^{\infty} y_l \Big) = \sum_{n=0}^{\infty} \Big(\sum_{k=0}^{n} x_k y_{n-k} \Big).$$

Beweis. Setze $x_{kl} := x_k \cdot y_l, \; k, l \in \mathbb{N}_0$. Dann ist für beliebiges $n \in \mathbb{N}_0$

$$\sum_{k=0}^{n} \sum_{l=0}^{n} |x_{kl}| = \sum_{k=0}^{n} \sum_{l=0}^{n} |x_k| \cdot |y_l| = \Big(\sum_{k=0}^{n} |x_k| \Big) \Big(\sum_{l=0}^{n} |y_l| \Big)$$

$$\leq \Big(\sum_{k=0}^{\infty} |x_k| \Big) \Big(\sum_{l=0}^{\infty} |y_l| \Big) =: M < \infty,$$

und die Behauptung folgt aus dem Doppelreihensatz (Satz V.45). $\qquad \square$

Beispiel   Für $|z| < 1$ ist nach der Formel für die geometrische Reihe (Beispiel V.17)

$$\frac{1}{(1-z)^2} = \Big(\sum_{k=0}^{\infty} z^k\Big)\Big(\sum_{l=0}^{\infty} z^l\Big) = \sum_{n=0}^{\infty}\Big(\underbrace{\sum_{k=0}^{n} z^k z^{n-k}}_{=z^n}\Big) = \sum_{n=0}^{\infty}(n+1)z^n.$$

Mittels Cauchy-Produkt können wir folgende Eigenschaften der in Satz V.41 definierten Exponentialfunktion zeigen; dabei ist e die Eulersche Zahl aus Satz IV.46.

Satz V.47   **Eigenschaften von exp.** *Für* $\exp\colon \mathbb{C} \to \mathbb{C}$, $\exp(z) := \sum_{k=0}^{\infty} \dfrac{z^k}{k!}$ *ist*

(i) $\exp(\bar{z}) = \overline{\exp(z)}$, $z \in \mathbb{C}$,

(ii) $\exp(z+w) = \exp(z)\exp(w)$, $z, w \in \mathbb{C}$,

(iii) $\exp(n) = e^n$, $n \in \mathbb{Z}$,

(iv) $\exp(z) \neq 0$, $z \in \mathbb{C}$,

(v) $|\exp(ix)| = 1$, $x \in \mathbb{R}$.

Beweis. Der Beweis ist eine gute Übung für die Reihendarstellung von exp, die uns gleich im nächsten Abschnitt wieder begegnen wird (Aufgabe V.7).   □

■ 19
Potenzreihen

Die Exponentialreihe in (18.3) ist ein Beispiel einer Potenzreihe. Dabei hängen die Summanden in einer speziellen Weise von einem komplexen Parameter z ab.

Definition V.48   Es seien $(a_n)_{n\in\mathbb{N}_0} \subset \mathbb{C}$ und $a \in \mathbb{C}$. Dann heißt

$$\sum_{n=0}^{\infty} a_n(z-a)^n, \quad z \in \mathbb{C}, \tag{19.1}$$

Potenzreihe im Punkt a.

Eine Potenzreihe kann für manche $z \in \mathbb{C}$ konvergieren und für andere nicht. Wie „wild" kann die Menge der $z \in \mathbb{C}$ sein, für die eine Potenzreihe nicht konvergiert?

Lemma V.49   *Es seien $(a_n)_{n\in\mathbb{N}_0} \subset \mathbb{C}$ und $a \in \mathbb{C}$. Konvergiert die Reihe in (19.1) für ein $z_0 \in \mathbb{C}\setminus\{a\}$, dann konvergiert sie absolut für alle $z \in \mathbb{C}$ mit*

$$|z-a| < |z_0 - a|.$$

Beweis. Da $\sum_{n=0}^{\infty} a_n(z_0 - a)^n$ konvergiert, ist $\left(a_n(z_0 - a)^n\right)_{n \in \mathbb{N}_0}$ eine Nullfolge, also insbesondere beschränkt. Folglich existiert $C > 0$ mit

$$\forall\, n \in \mathbb{N}_0: |a_n(z_0 - a)^n| < C.$$

Es sei nun $z \in \mathbb{C}$ mit $|z - a| < |z_0 - a|$. Setze $q := \frac{z-a}{z_0-a}$. Dann ist $|q| < 1$ und

$$|a_n(z - a)^n| = \underbrace{|a_n(z_0 - a)^n|}_{<C} \underbrace{\left|\frac{z - a}{z_0 - a}\right|^n}_{=q^n} < Cq^n, \quad n \in \mathbb{N}_0.$$

Also ist $C \sum_{n=0}^{\infty} q^n$ eine konvergente Majorante für die Reihe in (19.1), und die Behauptung folgt aus dem Majorantenkriterium (Satz V.36). $\qquad\square$

Die Konvergenzgebiete von Potenzreihen sind also Kreise um den jeweiligen Entwicklungspunkt:

Es seien $(a_n)_{n \in \mathbb{N}_0} \subset \mathbb{C}$ und $a \in \mathbb{C}$. Setze

$$R := \sup\left\{r \geq 0 : \sum_{n=0}^{\infty} a_n r^n \text{ konvergent}\right\}.$$

Dann ist die Potenzreihe

$$\sum_{n=0}^{\infty} a_n(z - a)^n \begin{cases} \text{absolut konvergent für } |z - a| < R, \\ \text{divergent für } |z - a| > R, \end{cases}$$

R heißt Konvergenzradius *von $\sum_{n=0}^{\infty} a_n(z - a)^n$.*

Satz V.50

Beweis. Es sei $z \in \mathbb{C}$ mit $|z - a| < R$. Nach Definition von R als Supremum existiert ein $r \geq 0, |z - a| < r < R$, so dass $\sum_{n=0}^{\infty} a_n r^n$ konvergent ist. Lemma V.49 mit $z_0 = r + a$ liefert die erste Behauptung.

Es sei $z \in \mathbb{C}$ mit $|z - a| > R$. Wäre $\sum_{n=0}^{\infty} a_n(z - a)^n$ konvergent, dann wäre nach Lemma V.49 auch $\sum_{n=0}^{\infty} a_n(\zeta - a)^n$ mit $\zeta \in \mathbb{C}$ so, dass $|\zeta - a| = r, R < r < |z - a|$, konvergent, im Widerspruch zur Supremumseigenschaft von R. $\qquad\square$

Bemerkung.   – $R = 0$ und $R = \infty$ sind möglich.

– Für $|z - a| = R$ ist keine Aussage möglich!

Um den Konvergenzradius zu bestimmmen, gibt es zwei Möglichkeiten:

Der Konvergenzradius R einer Potenzreihe $\sum_{n=0}^{\infty} a_n(z - a)^n$ ist gegeben durch

Proposition V.51

(i) $R = \left(\limsup_{n \to \infty} \sqrt[n]{|a_n|}\right)^{-1}$,

(ii) $R = \lim_{n \to \infty} \frac{|a_n|}{|a_{n+1}|}$, *falls dieser Limes in $\overline{\mathbb{R}}$ existiert.*

Beweis. (i) Die Behauptung folgt aus dem Wurzelkriterium (Satz V.38), denn

$$\limsup_{n\to\infty} \sqrt[n]{|a_n(z-a)^n|} = |z-a| \overbrace{\limsup_{n\to\infty} \sqrt[n]{|a_n|}}^{=:L} \begin{cases} < 1, & \text{für } |z-a| < \frac{1}{L} = R, \\ > 1, & \text{für } |z-a| > \frac{1}{L} = R, \end{cases}$$

mit der Konvention $\frac{1}{L} = 0$ für $L = \infty$, $\frac{1}{L} = \infty$ für $L = 0$ (vgl. Bemerkung IV.31).

(ii) Der Beweis ist analog zu (i) mit dem Quotientenkriterium (Satz V.39).   □

Beispiel

— Für $\sum_{n=0}^{\infty} n^n z^n$ ist $R = 0$, denn

$$\left(\limsup_{n\to\infty} \sqrt[n]{n^n}\right)^{-1} = \left(\overbrace{\lim_{n\to\infty} n}^{=\infty}\right)^{-1} = 0.$$

— Für $\sum_{n=1}^{\infty} \frac{z^n}{n}$ ist $R = 1$, denn

$$\left|\frac{a_n}{a_{n+1}}\right| = \frac{n+1}{n} \to 1, \quad n \to \infty;$$

auf dem Rand des Konvergenzkreises gibt es sowohl Konvergenz als auch Divergenz:

$$z = 1: \quad \text{Divergenz} \quad \text{(harmonische Reihe),}$$
$$z = -1: \quad \text{Konvergenz} \quad \text{(alternierende harmonische Reihe).}$$

— Für die Exponentialreihe $\sum_{n=0}^{\infty} \frac{z^n}{n!}$ ist $R = \infty$ (Satz V.41 und Aufgabe V.6).

Auf ihren Konvergenzgebieten haben Potenzreihen viele schöne Eigenschaften, z.B. hat man für die Addition und Multiplikation die folgenden Rechenregeln:

Satz V.52   *Es seien* $(a_n)_{n\in\mathbb{N}_0}$, $(b_n)_{n\in\mathbb{N}_0} \subset \mathbb{C}$, $a \in \mathbb{C}$ *und* R_a, R_b *die Konvergenzradien der Potenzreihen* $\sum_{n=0}^{\infty} a_n(z-a)^n$ *bzw.* $\sum_{n=0}^{\infty} b_n(z-a)^n$. *Dann gilt für* $z \in \mathbb{C}$ *mit* $|z-a| < \min\{R_a, R_b\}$:

$$\sum_{n=0}^{\infty} a_n(z-a)^n + \sum_{n=0}^{\infty} b_n(z-a)^n = \sum_{n=0}^{\infty}(a_n + b_n)(z-a)^n,$$

$$\left(\sum_{n=0}^{\infty} a_n(z-a)^n\right) \cdot \left(\sum_{n=0}^{\infty} b_n(z-a)^n\right) = \sum_{n=0}^{\infty}\left(\sum_{k=0}^{n} a_k b_{n-k}\right)(z-a)^n.$$

Beweis. Für die Summe folgt die Behauptung direkt aus den Rechenregeln für Grenzwerte von Reihen (Bemerkung V.18 und Satz IV.23).

Für das Produkt folgt die Behauptung aus Satz V.46, da beide Reihen nach Lemma V.49 absolut konvergieren und die rechte Seite ihr Cauchy-Produkt ist.   □

Polynome sind spezielle Potenzreihen mit nur endlich vielen Summanden. Mit elementaren Methoden kann man zeigen, dass ein Polynom eindeutig durch seine Koeffizienten bestimmt ist. Gilt dies auch allgemeiner für Potenzreihen?

Es seien $(a_n)_{n\in\mathbb{N}_0} \subset \mathbb{C}$, $a \in \mathbb{C}$, $R > 0$ der Konvergenzradius von $\sum_{n=0}^{\infty} a_n(z-a)^n$ und $m \in \mathbb{N}_0$. Dann existiert zu jedem $r \in (0, R)$ ein $C > 0$, so dass für alle $z \in \mathbb{C}$ mit $|z - a| \leq r$ gilt:

Lemma V.53

$$\left| \sum_{n=m}^{\infty} a_n(z-a)^n \right| \leq C|z-a|^m.$$

Beweis. Für $|z - a| \leq r$ gilt nach Lemma V.49 und verallgemeinerter Dreiecksungleichung (Proposition V.35):

$$\left| \sum_{n=m}^{\infty} a_n(z-a)^n \right| \leq |z-a|^m \sum_{n=m}^{\infty} |a_n||z-a|^{n-m} \leq |z-a|^m \sum_{n=m}^{\infty} |a_n|\underbrace{r^{n-m}}_{\leq r}$$

$$= |z-a|^m \underbrace{\sum_{n=0}^{\infty} |a_{n+m}|r^n}_{=:C<\infty,\ \text{da } r<R}. \qquad \square$$

Es seien $(c_n)_{n\in\mathbb{N}_0} \subset \mathbb{C}$, $a \in \mathbb{C}$, und $R > 0$ der Konvergenzradius von $\sum_{n=0}^{\infty} c_n(z-a)^n$. Gibt es eine Nullfolge $(z_j)_{j\in\mathbb{N}_0} \subset \mathbb{C}$ mit $|z_j| < R$, $j \in \mathbb{N}_0$, und

Satz V.54

$$\forall j \in \mathbb{N}_0: \sum_{n=0}^{\infty} c_n z_j^n = 0, \qquad (19.2)$$

und existiert eine Teilfolge $(z_{j_k})_{k\in\mathbb{N}_0}$ mit $z_{j_k} \neq 0$, $k \in \mathbb{N}_0$, dann ist $c_n = 0$, $n \in \mathbb{N}_0$.

Beweis. Ohne Einschränkung können wir annehmen, dass $z_j \neq 0$, $j \in \mathbb{N}$. Angenommen, es existiert ein $n_0 \in \mathbb{N}$ mit $c_0 = c_1 = \cdots = c_{n_0-1} = 0$ und $c_{n_0} \neq 0$. Da $(z_j)_{j\in\mathbb{N}}$ Nullfolge ist und $|z_j| < R$ gilt, existiert $r \in (0, R)$ mit

$$\forall j \in \mathbb{N}_0: |z_j| \leq r.$$

Nach Lemma V.53 (mit $m = n_0 + 1$) gibt es $C > 0$, so dass für $z \in \mathbb{C}$, $|z - a| \leq r$,

$$\left| \sum_{n=0}^{\infty} \underbrace{c_n}_{\substack{=0 \\ \text{für } n<n_0}} (z-a)^n - c_{n_0}(z-a)^{n_0} \right| = \left| \sum_{n=n_0+1}^{\infty} c_n(z-a)^n \right| \leq C|z-a|^{n_0+1}$$

gilt. Speziell für $z = z_j + a$ ist $|z - a| = |z_j| \leq r$, also ergibt sich mit (19.2)

$$\left| c_{n_0} z_j^{n_0} \right| = \left| \sum_{n=0}^{\infty} c_n z_j^n - c_{n_0} z_j^{n_0} \right| \leq C|z_j|^{n_0+1}$$

und damit $|c_{n_0}| \leq C|z_j|$ für alle $j \in \mathbb{N}_0$. Da $(z_j)_{j\in\mathbb{N}_0}$ eine Nullfolge ist, muss $c_{n_0} = 0$ sein, im Widerspruch zur Wahl von n_0. $\qquad \square$

Satz V.55

Identitätssatz für Potenzreihen. *Es seien $(a_n)_{n\in\mathbb{N}_0}$, $(b_n)_{n\in\mathbb{N}_0} \subset \mathbb{C}$, $a \in \mathbb{C}$, und R_a, $R_b > 0$ die Konvergenzradien der Potenzreihen $\sum_{n=0}^{\infty} a_n(z-a)^n$, $\sum_{n=0}^{\infty} b_n(z-a)^n$. Existiert ein $r \in (0, \min\{R_a, R_b\})$ mit*

$$\sum_{n=0}^{\infty} a_n(z-a)^n = \sum_{n=0}^{\infty} b_n(z-a)^n, \quad |z-a| \leq r,$$

so gilt $a_n = b_n$, $n \in \mathbb{N}_0$.

Beweis. Die Behauptung folgt aus Satz V.54 mit $c_n = a_n - b_n$, $n \in \mathbb{N}_0$; die Nullfolge $(z_j)_{j\in\mathbb{N}_0}$ erhält man aus einer Folge $(\widetilde{z}_j)_{j\in\mathbb{N}_0}$ mit $|\widetilde{z}_j - a| < r$ und $\widetilde{z}_j \to a, j \to \infty$, indem man $z_j := \widetilde{z}_j - a$ setzt. □

Eine wichtige Anwendung des Identitätssatzes ist das Bestimmen der Koeffizienten von Potenzreihen durch Koeffizientenvergleich:

Beispiel

Um $\frac{1}{1-z}$ als Potenzreihe darzustellen, macht man den Ansatz

$$\frac{1}{1-z} = \sum_{n=0}^{\infty} a_n z^n = a_0 + a_1 z + a_2 z^2 + a_3 z^3 + \cdots, \quad |z| < 1.$$

Multiplikation mit $1 - z$ liefert für alle $|z| < 1$

$$\begin{aligned}
1 &= (a_0 + a_1 z + a_2 z^2 + a_3 z^3 + \cdots)(1 - z) \\
&= a_0 + (a_1 - a_0)z + (a_2 - a_1)z^2 + \cdots + (a_k - a_{k-1})z^k + \cdots.
\end{aligned}$$

Nach dem Identitätssatz müssen die Koeffizienten der beiden Potenzreihen links und rechts übereinstimmen (Koeffizientenvergleich), also folgt

$$a_0 = 1, \quad a_1 - a_0 = 0, \quad \ldots, \quad a_k - a_{k-1} = 0, \quad \ldots \implies a_k = 1, \; k \in \mathbb{N}_0,$$

und so erhält man wieder die geometrische Reihe (vgl. Beispiel V.17):

$$\frac{1}{1-z} = 1 + z + z^2 + z^3 + \cdots = \sum_{n=0}^{\infty} z^n, \quad |z| < 1.$$

Übungsaufgaben

V.1. Stelle folgende komplexe Zahlen in der Form $x + iy$ mit $x, y \in \mathbb{R}$ dar:

    a) $\dfrac{1+i}{1-i}$,   b) $\dfrac{1}{i + \frac{1}{i + \frac{1}{i+1}}}$,   c) $\left(\dfrac{1+i}{1-i}\right)^2 - 3\left(\dfrac{1-i}{1+i}\right)^3$,   d) $\dfrac{1}{i^n}$, $n \in \mathbb{N}$.

V.2. Wo liegt die Menge der Punkte $z \in \mathbb{C}$ mit $\left|\dfrac{z-1}{z+1}\right| = c$ für $c = 1, 2$?

V.3. Stelle $\frac{2}{3}$ als 2- und 5-adischen Bruch dar!

V.4. Zeige, dass $\mathbb{Q}$ abzählbar ist und dass es zu jeder reellen Zahl $a \in \mathbb{R}$ Folgen $(x_n)_{n\in\mathbb{N}} \subset \mathbb{Q}$ und $(y_n)_{n\in\mathbb{N}} \subset \mathbb{R} \setminus \mathbb{Q}$ gibt mit $\lim_{n\to\infty} x_n = a = \lim_{n\to\infty} y_n$.

V.5. Untersuche das Konvergenzverhalten der folgenden Reihen:

$$\text{a) } \sum_{k=1}^{\infty} \frac{(k+1)^k}{k^{k+1}}, \quad \text{b) } \sum_{k=1}^{\infty} \frac{(k!)^2}{(2k)!}, \quad \text{c) } \sum_{k=1}^{\infty} \left(a + \frac{1}{k}\right)^k \text{ für } a \in \mathbb{R}.$$

V.6. Zeige, dass für jedes $z \in \mathbb{C}$ die Reihen

$$\exp(z) := \sum_{k=0}^{\infty} \frac{z^k}{k!}, \quad \cos(z) := \sum_{k=0}^{\infty} (-1)^k \frac{z^{2k}}{(2k)!}, \quad \sin(z) := \sum_{k=0}^{\infty} (-1)^k \frac{z^{2k+1}}{(2k+1)!}$$

absolut konvergieren und dass gilt:

$$\cos(z) = \frac{1}{2}(\exp(iz) + \exp(-iz)), \quad \sin(z) = \frac{1}{2i}(\exp(iz) - \exp(-iz)).$$

V.7. Beweise die Eigenschaften der Exponentialfunktion aus Satz V.47.

V.8 (Kochsche[5] Kurve, Schneeflockenkurve). Über den mittleren Dritteln der Seiten eines gleichseitigen Dreiecks mit Seitenlänge $a > 0$ wird je ein gleichseitiges Dreieck errichtet. Über jedem mittleren Drittel der Seiten des so entstandenen Polygons wird jeweils wieder ein gleichseitiges Dreieck errichtet. Die *Kochsche Schneeflockenkurve* entsteht als Limes, wenn man diese Vorschrift unendlich oft wiederholt:

Finde Umfang und Flächeninhalt der Kochschen Schneeflocke!

---

[5]HELGE VON KOCH, * 25. Januar 1870, 11. März 1924 in Stockholm, schwedischer Mathematiker, der die nach ihm benannte Kurve als eines der ersten Fraktale formal konstruierte.

VI Stetige Funktionen

Von diesem Abschnitt an beschäftigen wir uns mit Funktionen einer reellen Variablen und deren Eigenschaften. Wir beginnen mit der Stetigkeit, wo wir feststellen werden, dass dazu mehr gehört als „keine Sprünge zu haben".

■ 20
Stetigkeit

Im Folgenden sei f eine Funktion zwischen metrischen Räumen (X, d_X) und (Y, d_Y). Dabei sind vor allem die Fälle $X = \mathbb{R}^n$, $Y = \mathbb{R}$ oder $X = Y = \mathbb{C}$ wichtig. In diesem Buch geht es hauptsächlich um Funktionen

$$f\colon \mathbb{R} \supset D_f \to \mathbb{R},$$

wobei $X = Y = \mathbb{R}$ mit der euklidischen Metrik $d_X(x, y) = d_Y(x, y) = |x - y|$ versehen und D_f meist ein Intervall ist.

Es seien (X, d_X) und (Y, d_Y) metrische Räume. Eine Funktion $f\colon X \supset D_f \to Y$ heißt f *stetig in* $x_0 \in D_f$

$$:\Longleftrightarrow\ \forall\, \varepsilon > 0\ \exists\, \delta > 0\ \forall\, x \in D_f\colon \left(d_X(x, x_0) < \delta \implies d_Y\big(f(x), f(x_0)\big) < \varepsilon\right);$$

f heißt *stetig in* D_f, wenn f in jedem $x_0 \in D_f$ stetig ist.

Bemerkung. Speziell für $X = Y = \mathbb{R}$ oder $Y = \mathbb{C}$ ist f stetig in x_0

$$\Longleftrightarrow\ \forall\, \varepsilon > 0\ \exists\, \delta > 0\ \forall\, x \in D_f\colon \left(|x - x_0| < \delta \implies |f(x) - f(x_0)| < \varepsilon\right).$$

Erinnern Sie sich an das Spiel bei der Konvergenz von Folgen von Seite 24? Hier ist es ganz ähnlich: Ein Gegenspieler gibt Ihnen ein beliebiges ε vor, und Sie gewinnen, wenn Sie immer ein δ finden können, so dass die Differenz der Funktionswerte in Punkten mit Abstand kleiner δ kleiner als dieses vorgegebene ε ist.

Im Allgemeinen wird es so sein, dass Sie δ um so kleiner machen müssen, je kleiner Ihr Opponent sein ε macht, d.h., δ hängt von ε ab.

Geometrisch heißt Stetigkeit in x_0, dass es zu jedem Streifen S_ε um $f(x_0)$ ein Intervall I_δ um x_0 gibt, so dass der Graph G_f von f über I_δ im Streifen S_ε liegt.

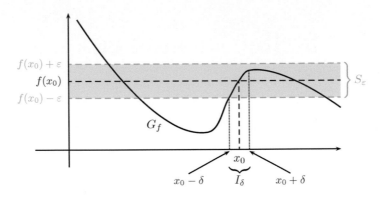

Abb. 20.1: Stetigkeit von f in $x_0 \in D_f$

Beispiele VI.2

(i) $f: \mathbb{R} \to \mathbb{R}$, $f(x) = x$, ist stetig in $\mathbb{R}$:

Sind $x_0 \in \mathbb{R}$ und $\varepsilon > 0$ beliebig, so gilt für alle $x \in \mathbb{R}$ mit $|x - x_0| < \varepsilon =: \delta$:

$$|f(x) - f(x_0)| = |x - x_0| < \varepsilon.$$

(ii) $f: \mathbb{R} \to \mathbb{R}$, $f(x) = |x|$, ist stetig in 0 (und in ganz $\mathbb{R}$):

Es sei $x_0 = 0$, und $\varepsilon > 0$ sei beliebig. Dann gilt für alle $x \in \mathbb{R}$ mit $|x| < \varepsilon =: \delta$:

$$|f(x) - \underbrace{f(0)}_{=0}| = \big||x| - 0\big| = |x| < \varepsilon.$$

(iii) Ist $(X, \|\cdot\|)$ ein normierter Raum, so ist $f: X \to \mathbb{R}, f(x) = \|x\|$, stetig in X:

Sind $x_0 \in X$ und $\varepsilon > 0$ beliebig, so gilt für alle $x \in X$ mit $\|x - x_0\| < \varepsilon =: \delta$ nach der Dreiecksungleichung von unten (Korollar IV.20):

$$|f(x) - f(x_0)| = \big|\|x\| - \|x_0\|\big| \leq \|x - x_0\| < \varepsilon.$$

(iv) $f: \mathbb{R} \to \mathbb{R}$, $f(x) = x^2$, ist stetig in $\mathbb{R}$:

Es seien $x_0 \in \mathbb{R}$ und $\varepsilon > 0$ beliebig. Setze $\delta := \min\{1, \frac{\varepsilon}{1+2|x_0|}\}$. Dann gilt für alle $x \in \mathbb{R}$ mit $|x - x_0| < \delta$:

$$|f(x) - f(x_0)| = |x^2 - x_0^2| = |x - x_0||x + x_0| \leq \underbrace{|x - x_0|}_{<\delta \leq \frac{\varepsilon}{1+2|x_0|}} \big(\underbrace{|x - x_0| + 2|x_0|}_{<\delta + 2|x_0| \leq 1 + 2|x_0|}\big) < \varepsilon.$$

(v) $[x] := \max\{k \in \mathbb{Z}: k \leq x\}$, $x \in \mathbb{R}$ (*Gauß-Klammer*):

Die Funktion $x \mapsto [x]$ ist stetig auf $\mathbb{R} \setminus \mathbb{Z}$, aber nicht stetig in $k \in \mathbb{Z}$. Denn sonst existierte zu $\varepsilon = \frac{1}{2}$ ein $\delta > 0$ mit

$$\forall\, x \in \mathbb{R}: \left(|x - k| < \delta \implies \big|[x] - [k]\big| = \big|[x] - k\big| < \frac{1}{2}\right);$$

speziell für $x \in (k - \delta, k)$ ist $[x] = k - 1$, also wäre $1 = \big|[x] - k\big| < \frac{1}{2}\ \unlhd$.

(vi) $f: \mathbb{R} \to \mathbb{R}, \ f(x) = \begin{cases} \sin\left(\frac{1}{x}\right), & x \neq 0, \\ 0, & x = 0, \end{cases}$ ist nicht stetig in 0:

Dieses Beispiel zeigt, dass die Vorstellung, „nicht stetig" heißt „keine Sprünge", *nicht* zutreffend ist. Hier geht etwas anderes schief (Aufgabe VI.1)!

(vii) $D: \mathbb{R} \to \mathbb{R}, \ D(x) := \begin{cases} 1, & x \in \mathbb{Q}, \\ 0, & x \in \mathbb{R} \setminus \mathbb{Q}, \end{cases}$ *(Dirichlet[1]-Funktion)*:

D ist nirgends stetig in $\mathbb{R}$ nach Aufgabe V.4; tatsächlich zeigt D das schlimmstmögliche Unstetigkeitsverhalten überhaupt (siehe [4, Beispiel 1.11]).

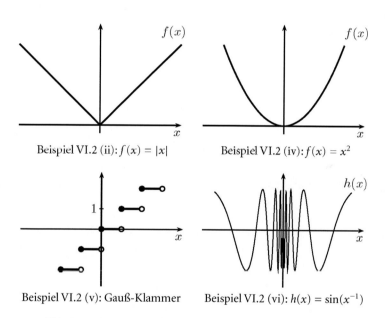

Beispiel VI.2 (ii): $f(x) = |x|$ Beispiel VI.2 (iv): $f(x) = x^2$

Beispiel VI.2 (v): Gauß-Klammer   Beispiel VI.2 (vi): $h(x) = \sin(x^{-1})$

Abb. 20.2: Zwei in 0 stetige und zwei in 0 unstetige Funktionen

In Anwendungen, z.B. bei Differentialgleichungen, spielt der folgende stärkere Stetigkeitsbegriff eine wichtige Rolle.

Es seien (X, d_X) und (Y, d_Y) metrische Räume. Eine Funktion $f: X \supset D_f \to Y$ heißt *Lipschitz-stetig in D_f*   **Definition VI.3**

$$:\Longleftrightarrow \ \exists\, L \geq 0 \ \forall\, x, y \in D_f: \ d_Y\big(f(x), f(y)\big) \leq L\, d_X(x, y);$$

L heißt dann *Lipschitz[2]-Konstante* von f.

---

[1]Peter Gustav Lejeune Dirichlet, ∗ 13. Februar 1805 in Düren, damals Frankreich, 5. Mai 1859 in Göttingen, deutscher Mathematiker, der bedeutende Ergebnisse in Analysis, Zahlentheorie und Mechanik erzielte.

[2]Rudolf Lipschitz, ∗ 14. Mai 1832 in Königsberg, Preußen, 7. Oktober 1903 in Bonn, deutscher Mathematiker, Schüler von Dirichlet, arbeitete auf vielen Gebieten der Mathematik.

Beispiele

– $f\colon \mathbb{R} \to \mathbb{R}$, $f(x) = ax + b$ mit festen $a, b \in \mathbb{R}$ ist Lipschitz-stetig mit $L = |a|$, denn für $x, y \in \mathbb{R}$ ist

$$\left| f(x) - f(y) \right| = |ax - ay| = |a| \cdot |x - y|.$$

– $f\colon \mathbb{C} \to \mathbb{C}$, $f(z) = |z|$, $\mathrm{Re}\, z$, $\mathrm{Im}\, z$, $\overline{z}$, sind alle Lipschitz-stetig mit $L = 1$, denn für $z_1, z_2 \in \mathbb{C}$ gilt z.B. nach Proposition V.4 (i):

$$|\, \mathrm{Re}\, z_1 - \mathrm{Re}\, z_2 | = |\, \mathrm{Re}(z_1 - z_2)| \leq |z_1 - z_2|.$$

Proposition VI.4   *Jede Lipschitz-stetige Funktion ist stetig.*

Beweis. Es seien (X, d_X), (Y, d_Y) metrische Räume, $f\colon X \supset D_f \to Y$ Lipschitz-stetig mit Lipschitz-Konstante L und $x_0 \in D_f$. Ist $\varepsilon > 0$ beliebig, so gilt mit $\delta := \frac{\varepsilon}{L}$ für alle $x \in D_f$ mit $d_X(x, x_0) < \delta$:

$$d_Y(f(x), f(x_0)) \leq L \underbrace{d_X(x, x_0)}_{< \delta} < L \cdot \frac{\varepsilon}{L} = \varepsilon. \qquad \square$$

Ein äquivalentes Kriterium für die Stetigkeit in einem Punkt x_0 ist:

Satz VI.5

Folgenkriterium für Stetigkeit. *Es seien (X, d_X), (Y, d_Y) metrische Räume. Eine Funktion $f\colon X \supset D_f \to Y$ ist stetig in $x_0 \in D_f$*

$$\iff \forall\, (x_n)_{n\in\mathbb{N}} \subset D_f\colon \left(x_n \xrightarrow{n\to\infty} x_0 \implies f(x_n) \xrightarrow{n\to\infty} f(x_0) \right). \qquad (20.1)$$

Beweis. „$\Longrightarrow$": Es sei f stetig in x_0 und $(x_n)_{n\in\mathbb{N}} \subset D_f$ eine Folge mit $x_n \to x_0, n \to \infty$. Zu beliebigem $\varepsilon > 0$ existiert dann ein $\delta > 0$ mit

$$\forall\, x \in D_f\colon \left(d_X(x, x_0) < \delta \implies d_Y(f(x), f(x_0)) < \varepsilon \right).$$

Da $x_n \to x_0, n \to \infty$, existiert zu diesem δ ein $N \in \mathbb{N}$ mit

$$\forall\, n \geq N\colon d_X(x_n, x_0) < \delta$$

und somit $d_Y(f(x_n), f(x_0)) < \varepsilon$ für $n \geq N$, also $f(x_n) \to f(x_0), n \to \infty$.

„$\Longleftarrow$": Angenommen, (20.1) gilt, aber f ist nicht stetig in x_0. Dann gilt:

$$\exists\, \varepsilon_0 > 0 \; \forall\, \delta > 0 \; \exists\, x \in D_f\colon \left(d_X(x, x_0) < \delta \;\wedge\; d_Y(f(x), f(x_0)) \geq \varepsilon_0 \right).$$

Insbesondere ergibt sich, wenn man $\delta = \frac{1}{n}, n \in \mathbb{N}$, setzt:

$$\forall\, n \in \mathbb{N} \; \exists\, x_n \in D_f\colon \left(d_X(x_n, x_0) < \frac{1}{n} \;\wedge\; d_Y(f(x_n), f(x_0)) \geq \varepsilon_0 \right),$$

d.h., $x_n \to x_0, n \to \infty$, aber $f(x_n) \not\to f(x_0), n \to \infty$, im Widerspruch zu (20.1). $\qquad \square$

Stetige Funktionen vertauschen mit dem Limes: **Korollar VI.6**

$$\lim_{n\to\infty} f(x_n) = f\left(\lim_{n\to\infty} x_n\right), \qquad \text{falls } \lim_{n\to\infty} x_n \text{ existiert.}$$

Damit wir den Nachweis der Stetigkeit einer Funktion auf die Stetigkeit elementarer Funktionen zurückführen können, sind die folgenden Regeln nützlich.

Es seien X eine Menge, Y ein Vektorraum über einem Körper K (z.B. $X = Y = \mathbb{R}$). **Definition VI.7**
Für $f: X \supset D_f \to Y, g: X \supset D_g \to Y$ und $\lambda \in K$ definiere

(i) $f + g: X \supset D_{f+g} \to Y$ und $\lambda \cdot f: X \supset D_{\lambda \cdot f} \to Y$ durch

$$D_{f+g} := D_f \cap D_g, \qquad (f+g)(x) := f(x) + g(x), \qquad x \in D_{f+g},$$
$$D_{\lambda \cdot f} := D_f, \qquad (\lambda \cdot f)(x) := \lambda \cdot f(x), \qquad x \in D_f,$$

(ii) und für $Y = K$ speziell $f \cdot g: X \supset D_{f \cdot g} \to Y$ und $\dfrac{f}{g}: X \supset D_{\frac{f}{g}} \to Y$ durch

$$D_{f \cdot g} := D_f \cap D_g, \qquad (f \cdot g)(x) := f(x)g(x), \qquad x \in D_{f \cdot g},$$
$$D_{\frac{f}{g}} := \{x \in D_f \cap D_g : g(x) \neq 0\}, \qquad \left(\frac{f}{g}\right)(x) := \frac{f(x)}{g(x)}, \qquad x \in D_{\frac{f}{g}}.$$

Bemerkung. Die Menge $Y^X := \{f: X \to Y, f \text{ Funktion}\}$ aller Funktionen von X nach Y mit $+$ und $\cdot$ wie oben definiert ist ein Vektorraum über K.

Es seien (X, d_X) ein metrischer Raum, $(Y, \|\cdot\|_Y)$ ein normierter Raum über einem **Satz VI.8**
Körper K (z.B. $X = Y = \mathbb{R}$), $f: X \supset D_f \to Y, g: X \supset D_g \to Y, \lambda \in K, x_0 \subset D_f \cap D_g$
(bzw. nur $x_0 \subset D_f$). Sind f und g stetig in x_0, dann sind

(i) $f + g$ und $\lambda \cdot f$ stetig in x_0;

ist speziell $Y = K$, sind außerdem

(ii) $f \cdot g$ stetig in x_0,

(iii) $\dfrac{f}{g}$ stetig in x_0, falls $g(x_0) \neq 0$.

Beweis. Eine gute Übung für die ϵ, δ-Definition der Stetigkeit (Aufgabe VI.2)! $\quad\square$

Die Menge aller stetigen Funktionen von X nach Y, **Korollar VI.9**

$$C(X, Y) := \{f: X \to Y, f \text{ stetige Funktion}\},$$

ist ein Untervektorraum des Vektorraums Y^X aller Funktionen von X nach Y.

Ist $Y = \mathbb{R}$ oder $Y = \mathbb{C}$, schreibt man auch $C(X)$ statt $C(X, \mathbb{R})$ bzw. $C(X, \mathbb{C})$.

Definition VI.10

Es sei K ($= \mathbb{R}$ oder $\mathbb{C}$) ein Körper und $n \in \mathbb{N}$, $m \in \mathbb{N}_0$. Eine Funktion $p: K^n \to K$ heißt *Polynom vom Grad* $\leq m$, wenn es $c_{k_1 \ldots k_n} \in K$ gibt mit

$$p(x_1, \ldots, x_n) = \sum_{\substack{(k_1, \ldots, k_n) \in \mathbb{N}_0^n \\ k_1 + \cdots + k_n \leq m}} c_{k_1 \ldots k_n} x_1^{k_1} \cdots x_n^{k_n}, \quad (x_1, \ldots, x_n) \in K^n;$$

die $c_{k_1 \ldots k_n}$ heißen *Koeffizienten* von p. Der *Grad* von $p \not\equiv 0$ ist definiert als

$$\deg(p) := \max \left\{ \mu \in \mathbb{N}_0 : \exists\, (k_1, \ldots, k_n) \in \mathbb{N}_0^n \text{ mit } c_{k_1 \ldots k_n} \neq 0, \sum_{j=1}^{n} k_j = \mu \right\},$$

und man setzt $\deg(p) := -\infty$, falls $p \equiv 0$. Eine Funktion $r: K^n \supset D_r \to K$ heißt *rational*, wenn es Polynome p, q gibt mit

$$r = \frac{p}{q}, \quad D_r = \{x \in K^n : q(x) \neq 0\}.$$

Bemerkung. Polynome $p: K \to K$ (also $n = 1$) vom Grad $\leq m$ haben die Form

$$p: K \to K, \quad p(x) = \sum_{k=0}^{m} c_k x^k, \quad x \in K, \quad \text{mit } c_k \in K, \ k = 0, 1, \ldots, m.$$

Beispiel $p: \mathbb{R}^2 \to \mathbb{R}, p(x_1, x_2) = x_1^3 + 2x_1^3 x_2 + x_1 + 1$, ist ein Polynom vom Grad 4.

Aus Satz VI.8 ergibt sich nun sofort, indem man ihn z.B. für $K = \mathbb{R}$ und $n = 1$ wiederholt anwendet auf die stetigen Funktionen $f(x) = 1, g(x) = x, x \in \mathbb{R}$:

Korollar VI.11

Es sei $K = \mathbb{R}$ oder $\mathbb{C}$.

(i) Jedes Polynom $p: K^n \to K$ ist stetig auf K^n.

(ii) Jede rationale Funktion $r: K^n \supset D_r \to K$ ist stetig auf D_r.

Satz VI.12

Es seien $(X, d_X), (Y, d_Y), (Z, d_Z)$ metrische Räume (z.B. $X = Y = Z = \mathbb{R}$) und $f: X \supset D_f \to Y, g: Y \supset D_g \to Z$ sowie $x_0 \in D_f$ mit $f(x_0) \in D_g$. Dann gilt:

$$f \text{ stetig in } x_0, \ g \text{ stetig in } f(x_0) \implies g \circ f \text{ stetig in } x_0.$$

Beweis. Es sei $\varepsilon > 0$ vorgegeben. Da g stetig in $f(x_0)$ ist, existiert $\delta > 0$ mit
$$\forall\, y \in D_g: \left(d_Y(y, f(x_0)) < \delta \implies d_Z(g(y), g(f(x_0))) < \varepsilon \right).$$
Da f stetig in x_0 ist, existiert zu δ ein $\gamma > 0$ mit
$$\forall\, x \subset D_f: \left(d_X(x, x_0) < \gamma \implies d_Y(f(x), f(x_0)) < \delta \right).$$
Also folgt für $x \in D_{g \circ f} = \{x \in D_f : f(x) \in D_g\}$ mit $d_X(x, x_0) < \gamma$:
$$d_Z\big((g \circ f)(x), (g \circ f)(x_0)\big) = d_Z\big(g(f(x)), g(f(x_0))\big) < \varepsilon. \qquad \square$$

Bemerkung. Aus $g \circ f$ stetig folgt *nicht*, dass g und f stetig sind; dies sieht man, wenn man f unstetig (z.B. die Gauß-Klammer) und $g \equiv 0$ wählt.

> *Jede Potenzreihe mit Konvergenzradius $R > 0$ um $a \in \mathbb{C}$ definiert auf ihrem Konvergenzkreis $\{z \in \mathbb{C} : |z - a| < R\} = B_R(a)$ eine stetige Funktion.*   **Satz VI.13**

Beweis. Sind $(a_n)_{n \in \mathbb{N}_0} \subset \mathbb{C}$ die Koeffizienten der Potenzreihe, so setzen wir

$$f : \mathbb{C} \supset B_R(a) \to \mathbb{C}, \quad f(z) := \sum_{n=0}^{\infty} a_n(z - a)^n, \; z \in B_R(a).$$

Es seien $z_0 \in B_R(a)$ und $\varepsilon > 0$ beliebig. Wähle $r > 0$ mit $|z_0 - a| < r < R$. Nach Satz V.50 konvergiert die Reihe $\sum_{n=0}^{\infty} a_n(z - a)^n$ absolut für $z \in B_R(a)$, also existiert ein $N \in \mathbb{N}$ mit

$$\sum_{n=N+1}^{\infty} |a_n|\, r^n < \frac{\varepsilon}{4}.$$

Damit definieren wir

$$p(z) := \sum_{n=0}^{N} a_n(z - a)^n, \quad z \in \mathbb{C}.$$

Nach Korollar VI.11 ist p als Polynom stetig in z_0, also existiert ein $\delta > 0$ so, dass

$$\forall\, z \in \mathbb{C} : \left(|z - z_0| < \delta \implies |p(z) - p(z_0)| < \frac{\varepsilon}{2} \right).$$

Für $|z - z_0| < \min\{\delta, r - |z_0 - a|\}$ ist dann $|z - a| \leq |z - z_0| + |z_0 - a| < r$ und damit insgesamt, mittels verallgemeinerter Dreiecksungleichung (Proposition V.35):

$$|f(z) - f(z_0)| = \left| \sum_{n=0}^{\infty} a_n(z - a)^n - \sum_{n=0}^{\infty} a_n(z_0 - a)^n \right|$$

$$\leq \underbrace{\left| p(z) - p(z_0) \right|}_{< \frac{\varepsilon}{2}} + \underbrace{\sum_{n=N+1}^{\infty} |a_n| \cdot \overbrace{|z - a|^n}^{\leq r^n}}_{< \frac{\varepsilon}{4}} + \underbrace{\sum_{n=N+1}^{\infty} |a_n| \cdot \overbrace{|z_0 - a|^n}^{\leq r^n}}_{< \frac{\varepsilon}{4}}$$

$$< \varepsilon. \qquad \qquad \square$$

exp, sin und cos.   Stetig auf $\mathbb{C}$ und damit auf ganz $\mathbb{R}$ sind die Exponentialfunktion   **Beispiele VI.14**
und die trigonometrischen Funktionen *Sinus* und *Cosinus*:

- $\exp : \mathbb{C} \to \mathbb{C}, \; \exp(z) = \displaystyle\sum_{k=0}^{\infty} \frac{z^k}{k!},$

- $\sin : \mathbb{C} \to \mathbb{C}, \; \sin(z) := \dfrac{1}{2i}(\exp(iz) - \exp(-iz)) = \displaystyle\sum_{k=0}^{\infty} (-1)^k \frac{z^{2k+1}}{(2k+1)!},$

- $\cos : \mathbb{C} \to \mathbb{C}, \; \cos(z) := \dfrac{1}{2}(\exp(iz) + \exp(-iz)) = \displaystyle\sum_{k=0}^{\infty} (-1)^k \frac{z^{2k}}{(2k)!};$

für später merken wir uns, dass nach Definition sofort die *Eulersche Formel* folgt:

$$\exp(ix) = \cos(x) + i\sin(x), \quad x \in \mathbb{R}. \tag{20.2}$$

■ 21

Grenzwerte und einseitige Stetigkeit

Der Begriff des Grenzwertes einer Funktion ist eng mit der Stetigkeit verwoben. Zu seiner Definition benötigen wir den Begriff des Häufungspunktes einer Menge; darunter versteht man Punkte, die im folgenden Sinn nicht isoliert sind.

Definition VI.15   Es sei (X, d) ein metrischer Raum (z.B. $X = \mathbb{R}$) und $A \subset X$. Ein Punkt $x_0 \in X$ heißt *Häufungspunkt von A*

$$:\Longleftrightarrow \quad \forall\, \varepsilon > 0 \; \exists\, x_\varepsilon \in A,\; x_\varepsilon \neq x_0\colon\; d(x_\varepsilon, x_0) < \varepsilon.$$

Bemerkung.   – Häufungspunkte müssen keine Elemente der Menge sein.

– Häufungswerte einer Folge $(a_n)_{n\in\mathbb{N}}$ unterscheiden sich von Häufungspunkten der Menge $A = \{a_n\colon n \in \mathbb{N}\}$ der Folgenglieder durch die Bedingung $x_\varepsilon \neq x_0$; z.B. sind für

$$a_n := \begin{cases} \frac{1}{n}, & n \text{ ungerade}, \\ 1, & n \text{ gerade}, \end{cases}$$

0 und 1 Häufungswerte der Folge $(a_n)_{n\in\mathbb{N}}$, 0 ist auch Häufungspunkt der Menge $A = \{a_n\colon n \in \mathbb{N}\}$, aber 1 ist kein Häufungspunkt von A.

Definition VI.16   Es seien $(X, d_X), (Y, d_Y)$ metrische Räume (z.B. $X = Y = \mathbb{R}$), $f\colon X \supset D_f \to Y$ eine Funktion und $x_0 \in X$ ein Häufungspunkt von D_f. Ein Punkt $a \in Y$ heißt *Grenzwert* oder *Limes von f in x_0*

$$:\Longleftrightarrow \quad \forall\, \varepsilon > 0 \; \exists\, \delta > 0 \; \forall\, x \in D_f \setminus \{x_0\}\colon\; \big(d_X(x, x_0) < \delta \implies d_Y(f(x), a) < \varepsilon\big).$$

Der Grenzwert a ist eindeutig bestimmt, und man schreibt dann:

$$\lim_{x\to x_0} f(x) = a \quad \text{oder} \quad f(x) \to a,\; x \to x_0.$$

Bemerkung VI.17   *Ist $x_0 \in D_f$, so gilt (vgl. die Definition VI.1 der Stetigkeit):*

$$f \text{ stetig in } x_0 \iff \lim_{x\to x_0} f(x) = f(x_0).$$

Definition VI.18   Es seien $(X, d_X), (Y, d_Y)$ metrische Räume (z.B. $X = Y = \mathbb{R}$), $f\colon X \supset D_f \to Y$ stetig und $x_0 \notin D_f$ Häufungspunkt von D_f. Eine *stetige Fortsetzung von f* auf $D_f \cup \{x_0\}$ ist eine Funktion $\widetilde{f}\colon X \supset D_f \cup \{x_0\} \to Y$ mit

$$\widetilde{f} \text{ stetig auf } D_f \cup \{x_0\}, \quad \widetilde{f}|_{D_f} = f.$$

Beispiel VI.19 $f(x) = \dfrac{x^2 - 1}{x + 1},\; x \in \mathbb{R} \setminus \{-1\}$, hat die stetige Fortsetzung $\widetilde{f}(x) = x - 1, x \in \mathbb{R}$.

Es seien (X, d_X), (Y, d_Y) metrische Räume, $f \colon X \supset D_f \to Y$ eine stetige Funktion   **Satz VI.20**
und $x_0 \notin D_f$ Häufungspunkt von D_f. Existiert ein $a \in Y$ mit

$$\lim_{x \to x_0} f(x) = a,$$

so besitzt f eine eindeutige stetige Fortsetzung $\widetilde{f} \colon X \supset D_f \cup \{x_0\} \to Y$, nämlich

$$\widetilde{f}(x) = \begin{cases} f(x), & x \in D_f, \\ a, & x = x_0. \end{cases}$$

Beweis. Nach Konstruktion ist $\widetilde{f}$ stetig. Angenommen, es gibt eine weitere stetige Fortsetzung $\widehat{f}$ von f auf $D_f \cup \{x_0\}$. Dann gilt

$$\forall \, x \in D_f \colon \widehat{f}(x) = f(x) = \widetilde{f}(x).$$

Da $\widehat{f}$ und $\widetilde{f}$ in x_0 stetig sind und $\widetilde{f}|_{D_f} = \widehat{f}|_{D_f} = f$, folgt mit Bemerkung VI.17:

$$\widehat{f}(x_0) = \lim_{x \to x_0} \widehat{f}(x) = \lim_{x \to x_0} f(x) = \lim_{x \to x_0} \widetilde{f}(x) = \widetilde{f}(x_0). \qquad \square$$

Die nächsten beiden Sätze liefern Kriterien, um mit Hilfe von Folgen zu entscheiden, ob eine Funktion in einem Punkt einen Grenzwert hat.

Folgenkriterium für die Existenz eines Limes. *Es seien (X, d_X) und (Y, d_Y)*   **Satz VI.21**
metrische Räume, $f \colon X \supset D_f \to Y$ eine stetige Funktion und $x_0 \notin D_f$ Häufungspunkt von D_f. Dann hat f in x_0 den Grenzwert $a \in Y$

$$\Longleftrightarrow \quad \forall \, (x_n)_{n \in \mathbb{N}} \subset D_f \colon \Big(\lim_{n \to \infty} x_n = x_0 \implies \lim_{n \to \infty} f(x_n) = a \Big).$$

Beweis. Die Behauptung folgt aus Satz VI.5, angewendet auf die stetige Fortsetzung $\widetilde{f}$ von f aus Satz VI.20.
$\square$

Wie bei Folgen muss man den Limes nicht kennen, um seine Existenz zu zeigen. Dazu muss aber der Raum Y vollständig sein, wie z.B. $Y = \mathbb{R}$ oder $Y = \mathbb{C}$.

Cauchy-Kriterium für die Existenz eines Limes. *Es seien (X, d_X), (Y, d_Y) metri-*   **Satz VI.22**
sche Räume, Y vollständig, $f \colon X \supset D_f \to Y$ eine Funktion und $x_0 \in X$ Häufungspunkt von D_f. Dann hat f einen Grenzwert in x_0

$$\Longleftrightarrow \quad \forall \, \varepsilon > 0 \; \exists \, \delta > 0 \; \forall \, x, y \in D_f \setminus \{x_0\} \colon$$
$$\big(d_X(x, x_0) < \delta \wedge d_X(y, x_0) < \delta \implies d_Y\big(f(x), f(y)\big) < \varepsilon \big).$$

Beweis. „$\Longrightarrow$": Es sei $a := \lim_{x \to x_0} f(x)$. Zu jedem $\varepsilon > 0$ gibt es dann ein $\delta > 0$ mit

$$\forall \, x \in D_f \colon \Big(d_X(x, x_0) < \delta \implies d_Y(f(x), a) < \frac{\varepsilon}{2} \Big).$$

Mit der Dreiecksungleichung folgt für $x, y \in D_f$ mit $d_X(x, x_0) < \delta, d_X(y, x_0) < \delta$:

$$d_Y(f(x), f(y)) \leq d_Y(f(x), a) + d_Y(f(y), a) < \frac{\varepsilon}{2} + \frac{\varepsilon}{2} = \varepsilon.$$

„$\Longleftarrow$": Es sei $\varepsilon > 0$ vorgegeben. Nach Voraussetzung existiert ein $\delta > 0$ mit

$$\forall\, x, y \in D_f: \left(d_X(x, x_0) < \delta \,\wedge\, d_X(y, x_0) < \delta \implies d_Y\big(f(x), f(y)\big) < \frac{\varepsilon}{3} \right).$$

Da x_0 Häufungspunkt von D_f ist, existiert eine Folge $(x_n)_{n\in\mathbb{N}} \subset D_f$ mit $x_n \neq x_0$ und $x_n \to x_0$, $n \to \infty$. Also existiert ein $N \in \mathbb{N}$ mit

$$\forall\, n \geq N: d_X(x_n, x_0) < \delta.$$

Damit ergibt sich

$$\forall\, n, m \geq N: d_Y(f(x_n), f(x_m)) < \frac{\varepsilon}{3}, \tag{21.1}$$

d.h., $\big(f(x_n)\big)_{n\in\mathbb{N}} \subset Y$ ist eine Cauchy-Folge. Da Y vollständig ist, existiert der Grenzwert $a := \lim_{n\to\infty} f(x_n)$, und mit der Dreiecksungleichung folgt

$$\forall\, n \geq N: d_Y(f(x_n), a) < \frac{2\varepsilon}{3}.$$

Insgesamt gilt für $x \in D_f$ mit $d_X(x, x_0) < \delta$:

$$d_Y(f(x), a) \;\leq\; \underbrace{d_Y(f(x), f(x_N))}_{< \frac{\varepsilon}{3}} + \underbrace{d_Y(f(x_N), a)}_{< \frac{2\varepsilon}{3}} \;<\; \varepsilon. \qquad \square$$

Für Funktionen auf $X = \mathbb{R}$ kann man auch einseitige Grenzwerte betrachten. Dabei nähert man sich $x_0 \in D_f$ nur von einer Seite:

Definition VI.23

Es seien (Y, d_Y) ein metrischer Raum, $f: \mathbb{R} \supset D_f \to Y$ eine Funktion und $x_0 \in \mathbb{R}$ ein Häufungspunkt von D_f. Dann heißt $a \in Y$ *linksseitiger Grenzwert* von f in x_0

$$:\Longleftrightarrow \quad \forall\, \varepsilon > 0 \;\exists\, \delta > 0 \;\forall\, x \in D_f: \big(x \in (x_0 - \delta, x_0) \implies d_Y(f(x), a) < \varepsilon\big)$$

bzw. *rechtsseitiger Grenzwert*, wenn man $(x_0 - \delta, x_0)$ durch $(x_0, x_0 + \delta)$ ersetzt; man schreibt dann:

$$\lim_{x \nearrow x_0} f(x) = f(x_0-) = a \quad \text{bzw.} \quad \lim_{x \searrow x_0} f(x) = f(x_0+) = a.$$

Ist $x_0 \in D_f$, so heißt f *linksseitig stetig* (bzw. *rechtsseitig stetig*) in x_0

$$:\Longleftrightarrow \quad \lim_{x \nearrow x_0} f(x) = f(x_0) \quad \big(\text{bzw. } \lim_{x \searrow x_0} f(x) = f(x_0)\big).$$

Beispiele

- $f(x) = [x] := \max\{k \in \mathbb{Z}: k \leq x\}$, $x \in \mathbb{R}$ (*Gauß-Klammer*):

  f ist rechtsseitig stetig in $x_0 \in \mathbb{Z}$, aber nicht linksseitig (Abb. 20.2):

$$\lim_{x \searrow x_0} [x] = x_0 = [x_0], \quad \lim_{x \nearrow x_0} [x] = x_0 - 1 \neq [x_0], \quad x_0 \in \mathbb{Z}.$$

- $f(x) = \dfrac{x^2 - 1}{x + 1}$, $x \in \mathbb{R} \setminus \{-1\}$, ist links- und rechtsseitig stetig in -1 mit

$$\lim_{x \nearrow -1} \frac{x^2 - 1}{x + 1} = \lim_{x \nearrow -1} (x - 1) = -2 = \lim_{x \searrow -1} \frac{x^2 - 1}{x + 1}.$$

Proposition VI.24

Ist (Y, d_Y) metrischer Raum, $f: \mathbb{R} \supset D_f \to Y$ und $x_0 \in D_f$, so gilt:

$$f \text{ ist stetig in } x_0 \iff f \text{ ist links- und rechtsseitig stetig in } x_0.$$

Beweis. Die Äquivalenz folgt direkt aus den Definitionen der Stetigkeit und der links-
bzw. rechtsseitigen Stetigkeit. $\square$

Die Existenz von einseitigen Grenzwerten für Funktionen von $\mathbb{R}$ nach $\mathbb{R}$ kann man mit
Hilfe ihres Wachstumsverhalten untersuchen.

Definition VI.25

Eine Funktion $f: \mathbb{R} \subset D_f \to \mathbb{R}$ heißt *monoton wachsend* (bzw. *fallend*),

$$:\iff \forall x, y, \in D_f: \left(x < y \implies f(x) \leq f(y) \quad (\text{bzw. } f(x) \geq f(y))\right),$$

und *streng monoton wachsend* (bzw. *fallend*)

$$:\iff \forall x, y, \in D_f: \left(x < y \implies f(x) < f(y) \quad (\text{bzw. } f(x) > f(y))\right),$$

f heißt (*streng*) *monoton*, wenn f (streng) monoton wachsend oder fallend ist.

Bemerkung. f (streng) monoton fallend $\iff -f$ (streng) monoton wachsend.

Beispiele

- $f(x) = x^2, x \in [0, \infty)$, ist streng monoton wachsend;
- $f(x) = x^2, x \in \mathbb{R}$, ist weder streng monoton noch monoton;
- $f(x) = [x], x \in \mathbb{R}$, ist monoton wachsend, aber nicht streng (Abb. 20.2).

Definition VI.26

Es seien (X, d_X), (Y, d_Y) metrische Räume. Eine Funktion $f: X \supset D_f \to Y$ heißt
beschränkt
$$:\iff f(D_f) = \{f(x): x \in D_f\} \text{ beschränkt in } Y;$$
speziell ist eine Funktion $f: \mathbb{R} \supset D_f \to \mathbb{R}$ oder $f: \mathbb{C} \supset D_f \to \mathbb{C}$ beschränkt

$$\iff \exists M > 0 \ \forall x \in D_f : |f(x)| \leq M.$$

Proposition VI.27

*Eine monotone beschränkte Funktion $f: \mathbb{R} \supset (a, b) \to \mathbb{R}$ besitzt in jedem $x_0 \in [a, b]$
einseitige Grenzwerte.*

Beweis. Wir beweisen z.B. für monoton wachsendes f und $x_0 \in (a, b]$, dass der linksseitige Grenzwert in x_0 existiert. Dazu sei $\varepsilon > 0$ beliebig. Setzt man

$$s := \sup \{f(x): x \in (a, x_0)\},$$

so existiert nach Proposition III.15 ein $x_\varepsilon \in (a, x_0)$ mit $s - \varepsilon < f(x_\varepsilon) \le s$. Wegen der Monotonie von f und der Supremumseigenschaft von s folgt für $x \in (x_\varepsilon, x_0)$:

$$s - \varepsilon < f(x_\varepsilon) \le f(x) \le s,$$

also $|f(x) - s| < \varepsilon$. Daher ist s linksseitiger Grenzwert von f in x_0. □

Als Nächstes betrachten wir für Funktionen *auf* $\mathbb{R}$ Grenzwerte bei $\pm\infty$ und für Funktionen *nach* $\mathbb{R}$ uneigentliche Grenzwerte, d.h., $\pm\infty$ als Grenzwerte.

Definition VI.28   Es seien (Y, d_Y) ein metrischer Raum, $f : \mathbb{R} \supset D_f \to Y$ eine Funktion und D_f nach oben (bzw. unten) unbeschränkt. Dann heißt $a \in Y$ *Grenzwert von f bei ∞* (bzw. *bei $-\infty$*)

$$:\Longleftrightarrow \ \forall \varepsilon > 0 \ \exists R > 0 \ \forall x \in \mathbb{R} : \big(x > R \ (\text{bzw. } x < -R) \implies d_Y\big(f(x), a\big) < \varepsilon\big);$$

man schreibt dann:

$$\lim_{x \to \infty} f(x) = a \quad \big(\text{bzw. } \lim_{x \to -\infty} f(x) = a\big).$$

Bemerkung. Grenzwerte bei $\pm\infty$ sind einseitige Grenzwerte bei 0 vermöge

$$\lim_{x \to \infty} f(x) = \lim_{\xi \searrow 0} f\left(\frac{1}{\xi}\right) \quad \text{bzw.} \quad \lim_{x \to -\infty} f(x) = \lim_{\xi \nearrow 0} f\left(\frac{1}{\xi}\right).$$

Definition VI.29   **Uneigentliche Grenzwerte.**   Es seien (X, d_X) ein metrischer Raum sowie $f : X \supset D_f \to \mathbb{R}$ eine Funktion und $x_0 \in X$ ein Häufungspunkt von D_f. Dann hat f in x_0 den *Grenzwert ∞* (bzw. *$-\infty$*)

$$:\Longleftrightarrow \ \forall R \ge 0 \ \exists \delta > 0 \ \forall x \in D_f : \big(d_X(x, x_0) < \delta \implies f(x) \ge R \ (\text{bzw. } \le -R)\big);$$

man schreibt dann:

$$\lim_{x \to x_0} f(x) = \infty \quad \big(\text{bzw. } \lim_{x \to x_0} f(x) = -\infty\big)$$

und definiert analog $\lim_{x \searrow x_0} f(x) = \pm\infty$, $\lim_{x \nearrow x_0} f(x) = \pm\infty$, $\lim_{x \to \pm\infty} f(x) = \pm\infty$.

Beispiel VI.30 $\lim_{x \to \infty} \exp(x) = \infty$, $\lim_{x \to -\infty} \exp(x) = 0$, denn für $x > 0$ ist:

$$\exp(x) \ge 1 + x \to \infty, \ x \to \infty, \quad \exp(-x) = \frac{1}{\exp(x)} \to 0, \ x \to \infty.$$

Bemerkung VI.31   Wegen des Folgenkriteriums für die Existenz des Limes (Satz VI.21) gelten für Grenzwerte von Funktionen analoge Rechenregeln wie für Folgen.

■ 22
Sätze über stetige Funktionen

Für stetige Funktionen von $\mathbb{R}$ nach $\mathbb{R}$ beweisen wir nun zwei zentrale Sätze, den Zwischenwertsatz und den Satz vom Minimum und Maximum.

Zwischenwertsatz. *Es seien $a, b \in \mathbb{R}$, $a < b$, und $f : [a, b] \to \mathbb{R}$ stetig. Dann existiert zu jedem $\gamma \in \mathbb{R}$ zwischen $f(a)$ und $f(b)$ ein $c \in [a, b]$ mit* Satz VI.32

$$f(c) = \gamma,$$

d.h., f nimmt auf $[a, b]$ jeden Wert $\gamma \in \mathbb{R}$ zwischen $f(a)$ und $f(b)$ an.

Beweis. Ohne Einschränkung sei $f(a) \leq f(b)$ (sonst betrachte $-f$). Dann ist $\gamma \in [f(a), f(b)]$. Definiere eine Folge von Intervallen $I_n := [a_n, b_n]$, $n \in \mathbb{N}_0$, durch

$$[a_0, b_0] := [a, b], \quad [a_{n+1}, b_{n+1}] := \begin{cases} \left[a_n, \frac{a_n+b_n}{2}\right], & \gamma \leq f\left(\frac{a_n+b_n}{2}\right), \\ \left[\frac{a_n+b_n}{2}, b_n\right], & \gamma > f\left(\frac{a_n+b_n}{2}\right). \end{cases}$$

Dann ist $f(a_n) \leq \gamma \leq f(b_n)$, $n \in \mathbb{N}_0$, und $b_n - a_n = 2^{-n}(b-a) \to 0$, $n \to \infty$. Nach Satz IV.48 über die Intervallschachtelung gibt es genau ein $c \in \mathbb{R}$ mit

$$c \in \bigcap_{n \in \mathbb{N}_0} [a_n, b_n],$$

also $\lim_{n \to \infty} a_n = \lim_{n \to \infty} b_n = c$. Da f stetig ist, folgt nach Satz VI.5:

$$f(c) = \lim_{n \to \infty} \underbrace{f(a_n)}_{\leq \gamma} \leq \gamma, \quad f(c) = \lim_{n \to \infty} \underbrace{f(b_n)}_{\geq \gamma} \geq \gamma, \qquad \text{also } f(c) = \gamma. \qquad \square$$

Ist $f : [a, b] \to \mathbb{R}$ eine stetige Funktion mit $f(a) < 0$ und $f(b) > 0$, so hat f in $[a, b]$ eine Nullstelle, d.h., es gibt ein $c \in [a, b]$ mit $f(c) = 0$. Korollar VI.33

Jedes Polynom ungeraden Grades auf $\mathbb{R}$ hat eine reelle Nullstelle. Korollar VI.34

Beweis. Es seien $n \in \mathbb{N}$ und $p(x) = a_{2n+1}x^{2n+1} + a_{2n}x^{2n} + \cdots + a_0$ ein Polynom mit $a_k \in \mathbb{R}$, $k = 0, 1, \ldots, 2n+1$, so dass $a_{2n+1} \neq 0$. Da sich die Nullstellen von p nach Division durch a_{2n+1} nicht ändern, können wir ohne Einschränkung $a_{2n+1} = 1$ annehmen,

$$p(x) = x^{2n+1} + a_{2n}x^{2n} + \cdots + a_0 = x^{2n+1}\left(1 + \frac{a_{2n}}{x} + \cdots + \frac{a_0}{x^{2n+1}}\right), \quad x \in \mathbb{R} \setminus \{0\}.$$

Wegen $\lim_{x \to \infty} 1/x = 0$, kann $R > 0$ so groß gewählt werden, dass

$$1 + \frac{a_{2n}}{(\pm R)} + \cdots + \frac{a_0}{(\pm R)^{2n+1}} \geq 1 - \frac{|a_{2n}|}{R} - \cdots - \frac{|a_0|}{R^{2n+1}} \geq \frac{1}{2}$$

und damit

$$p(R) \geq R^{2n+1} \cdot \frac{1}{2} > 0, \quad p(-R) \leq (-R)^{2n+1} \cdot \frac{1}{2} < 0.$$

Da p als Polynom stetig ist, liefert Korollar VI.33 die Behauptung. $\qquad \square$

Die folgende Eigenschaft von Teilmengen metrischer Räume benutzen wir hier nur für $\mathbb{R}$ oder $\mathbb{C}$; wir kommen in Analysis II ([28, Abschnitt I.2]) allgemeiner darauf zurück.

Definition VI.35

Eine Teilmenge $K \subset X$ eines metrischen Raums (X, d_X) heißt *kompakt*, wenn jede Folge $(x_n)_{n \in \mathbb{N}} \subset K$ eine in K konvergente Teilfolge $(x_{n_k})_{k \in \mathbb{N}}$ hat.

Proposition VI.36

Ein Intervall $I \subset \mathbb{R}$ ist kompakt $\Longleftrightarrow I = [a, b]$ mit $a, b \in \mathbb{R}, a \leq b$.

Beweis. „$\Longleftarrow$": Ist $I = [a, b]$ und $(x_n)_{n \in \mathbb{N}} \subset I$, so ist wegen $a \leq x_n \leq b, n \in \mathbb{N}$, die Folge $(x_n)_{n \in \mathbb{N}}$ beschränkt. Nach Satz V.10 von Bolzano-Weierstraß existiert eine konvergente Teilfolge $(x_{n_k})_{k \in \mathbb{N}}$. Setzt man $x := \lim_{k \to \infty} x_{n_k}$, so gilt wegen $a \leq x_{n_k} \leq b, \ k \in \mathbb{N}$, nach Korollar IV.37 auch $a \leq x \leq b$, also $x \in I = [a, b]$.

„$\Longrightarrow$": Angenommen, es wäre z.B. $I = (a, b]$. Dann hat die Folge $x_n := a + \frac{1}{n}, n \in \mathbb{N}$, keine in I konvergente Teilfolge, da $a \notin I$. $\qquad\square$

Intervalle sind sehr spezielle kompakte Teilmengen. Sehr viel exotischer ist:

Beispiel

Cantorsches Diskontinuum.   Definiere
$$C_0 := [0, 1], \quad C_1 := C_0 \setminus \left(\tfrac{1}{3}, \tfrac{2}{3}\right), \quad C_2 := C_1 \setminus \left(\left(\tfrac{1}{9}, \tfrac{2}{9}\right) \cup \left(\tfrac{7}{9}, \tfrac{8}{9}\right)\right), \quad \ldots,$$
d.h., man entfernt in jedem Schritt jeweils die mittleren offenen Drittel der vorigen Intervalle (siehe Abb. 22.1). Das *Cantorsche Diskontinuum C* ist definiert als
$$C := \bigcap_{n \in \mathbb{N}_0} C_n.$$
Man kann zeigen, dass C kompakt ist, weil es beschränkt ist und der Durchschnitt der abgeschlossenen Mengen C_n (siehe [28, Satz I.34 von Heine-Borel]).

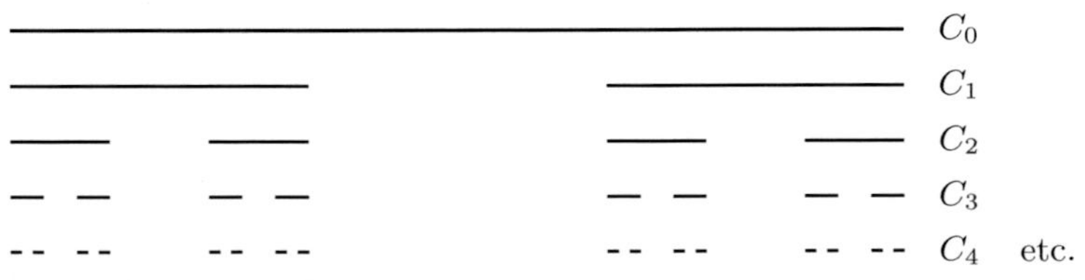

Abb. 22.1: Cantorsches Diskontinuum

Satz VI.37

vom Minimum und Maximum.   *Ist $K \subset \mathbb{R}$ kompakt und $f: K \to \mathbb{R}$ stetig, so nimmt f auf K Minimum und Maximum an, d.h., es gibt $x_*, x^* \in K$ mit*
$$f(x_*) \leq f(x) \leq f(x^*), \quad x \in K.$$

Beweis. Es reicht, die Existenz des Maximums zu zeigen (sonst betrachte $-f$). Setze
$$s := \sup f(K) = \sup \{f(x) : x \in K\}.$$

Zu zeigen ist, dass $s < \infty$ und dass es ein $x^* \in K$ gibt mit $f(x^*) = s$. Da s Supremum ist, gibt es nach Proposition III.15 zu jedem $n \in \mathbb{N}$ ein $x_n \in K$ mit

$$\begin{cases} s - \frac{1}{n} < f(x_n) \leq s, & \text{falls } s < \infty, \\ n < f(x_n), & \text{falls } s = \infty. \end{cases}$$

Dann ist $\lim_{n \to \infty} f(x_n) = s$. Da K kompakt ist, gibt es eine in K konvergente Teilfolge $(x_{n_k})_{k \in \mathbb{N}}$, und wir setzen

$$x^* := \lim_{k \to \infty} x_{n_k} \in K.$$

Da f stetig ist, folgt $s = \lim_{k \to \infty} f(x_{n_k}) = f(x^*) < \infty$. $\qquad\square$

(i) Es seien $K \subset \mathbb{R}$ kompakt und $f \colon K \to \mathbb{R}$ stetig. Ist $f(x) > 0$, $x \in K$, dann gilt sogar $\inf f(K) > 0$, d.h., es existiert ein $\alpha > 0$ mit

$$f(x) \geq \alpha > 0, \quad x \in K.$$

(ii) Ist $f \colon (a, b) \to \mathbb{R}$ stetig, $x_0 \in (a, b)$ und $f(x_0) > 0$, so gibt es $\delta, \alpha > 0$ mit

$$f(x) \geq \alpha > 0, \quad x \in [x_0 - \delta, x_0 + \delta] \subset (a, b).$$

Korollar VI.38

Zusammengenommen liefern der Zwischenwertsatz und der Satz vom Minimum und Maximum die folgende Strukturaussage für stetige Funktionen:

Es seien $I \subset \mathbb{R}$ und $f \colon I \to \mathbb{R}$ stetig. Dann gilt:

$$I \text{ (kompaktes) Intervall} \implies f(I) \text{ (kompaktes) Intervall}.$$

Korollar VI.39

Neben Stetigkeit und Lipschitz-Stetigkeit gibt es noch eine weitere Verschärfung des Stetigkeitsbegriffs, die sog. gleichmäßige Stetigkeit.

Es seien (X, d_X), (Y, d_Y) metrische Räume. Eine Funktion $f \colon X \supset D_f \to Y$ heißt *gleichmäßig stetig auf D_f*

$$:\Longleftrightarrow \quad \forall \varepsilon > 0 \; \exists \delta > 0 \colon \; \forall x, y \in D_f \colon \big(d_X(x, y) < \delta \implies d_Y(f(x), f(y)) < \varepsilon\big).$$

Definition VI.40

Bemerkung. Der Unterschied zur Stetigkeit besteht darin, dass δ hier *nur* von ε abhängt und nicht von einem speziellen Punkt x_0 in D_f!

– Lipschitz-stetige Funktionen sind gleichmäßig stetig (vgl. Beweis von Proposition VI.4).

– $f(x) = \sqrt{x}$, $x \in [0, 1]$, ist gleichmäßig stetig (obwohl nicht Lipschitz-stetig).

– $f(x) = \frac{1}{x}$, $x \in (0, 1]$, ist stetig, aber nicht gleichmäßig stetig;

Abb. 22.2 illustriert, dass im letzten Fall für $\varepsilon > 0$ fest $\delta \to 0$ für $x_0 \to 0$ gilt!

Beispiele VI.41

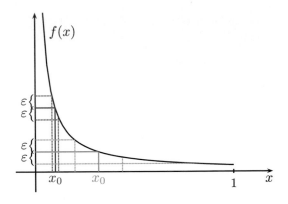

Abb. 22.2: $f(x) = \frac{1}{x}, x \in (0, 1]$, ist nicht gleichmäßig stetig

Satz VI.42 *Ist $K \subset \mathbb{R}$ kompakt und $f \colon K \to \mathbb{R}$ stetig, so ist f gleichmäßig stetig.*

Beweis. Angenommen, f ist nicht gleichmäßig stetig auf K. Dann gilt:

$$\exists \, \varepsilon_0 > 0 \; \forall \, n \in \mathbb{N} \; \exists \, x_n, y_n \colon \left(|x_n - y_n| < \frac{1}{n} \wedge |f(x_n) - f(y_n)| \geq \varepsilon_0 \right).$$

Da K kompakt ist, enthält $(x_n)_{n \in \mathbb{N}} \subset K$ eine in K konvergente Teilfolge $(x_{n_k})_{k \in \mathbb{N}}$. Wegen $|x_{n_k} - y_{n_k}| < \frac{1}{n_k} \to 0, \; k \to \infty$, ist dann

$$\xi := \lim_{k \to \infty} x_{n_k} = \lim_{k \to \infty} y_{n_k}.$$

Da f stetig ist, folgt

$$f(\xi) = \lim_{k \to \infty} f(x_{n_k}) = \lim_{k \to \infty} f(y_{n_k})$$

und damit der Widerspruch $0 < \varepsilon_0 \leq |f(x_{n_k}) - f(y_{n_k})| \to 0, k \to \infty \,\text{\textlightning}$. $\qquad\square$

Zum Schluss des Abschnitts sehen wir noch, dass sich Stetigkeit und Monotonie auf die Umkehrfunktion übertragen, falls diese existiert.

Satz VI.43 *Es seien $I \subset \mathbb{R}$ ein Intervall und $f \colon I \to \mathbb{R}$ eine stetige streng monotone Funktion. Dann ist $f \colon I \to f(I)$ bijektiv, und die Umkehrfunktion*

$$f^{-1} \colon f(I) \to I$$

ist stetig und streng monoton im selben Sinn wie f.

Beweis. Der Beweis ist eine gute Übung, um die Definition der Stetigkeit und der Monotonie zu festigen (Aufgabe VI.6). $\qquad\square$

Bemerkung. Die Notation f^{-1} wird sowohl für die Umkehrfunktion benutzt als auch manchmal für $\frac{1}{f}$; die Unterscheidung muss jeweils der Zusammenhang liefern.

und Beispiel. *Die Funktion* $\exp\colon \mathbb{R} \to (0, \infty)$ *ist stetig, streng monoton wachsend und bijektiv. Ihre Umkehrfunktion*   **Satz VI.44**

$$\ln := (\exp)^{-1}\colon (0, \infty) \to \mathbb{R},$$

der natürliche Logarithmus, *ist stetig und streng monoton wachsend mit*

(i) $\ln(x \cdot y) = \ln(x) + \ln(y)$, $\ln(x^n) = n \ln(x)$, $x, y \in (0, \infty)$, $n \in \mathbb{N}$;

(ii) $\ln(1) = 0$, $\ln(e) = 1$;

(iii) $\lim_{x \searrow 0} \ln(x) = -\infty$, $\lim_{x \to \infty} \ln(x) = \infty$.

Beweis. Als Potenzreihe ist $\exp\colon \mathbb{R} \to \mathbb{R}$ stetig (Beispiel VI.14). Weiter gilt:

$$x > 0 \implies \exp(x) = 1 + \sum_{n=1}^{\infty} \frac{x^n}{n!} > 1, \quad x < 0 \implies \exp(x) = \frac{1}{\exp(-x)} < 1.$$

Damit folgt mit Hilfe der Funktionalgleichung (Satz V.47 (ii)) für $x, y \in \mathbb{R}$:

$$x < y \implies x - y < 0 \implies \exp(x) = \underbrace{\exp(y)}_{>0} \cdot \underbrace{\exp(x - y)}_{<1} < \exp(y).$$

Als streng monotone Funktion ist $\exp$ injektiv auf $\mathbb{R}$. Aus dem Zwischenwertsatz (Satz VI.32) und $\lim_{x \to -\infty} \exp(x) = 0$, $\lim_{x \to \infty} \exp(x) = \infty$ (Beispiel VI.30) folgt $\exp(\mathbb{R}) = (0, \infty)$. Die Behauptungen ergeben sich dann alle aus Satz VI.43 und den Eigenschaften der Exponentialfunkion (Satz V.47, Beispiel VI.30). □

Bemerkung. Der natürliche Logarithmus ln (*logarithmus naturalis*, auch log) ist der Spezialfall des Logarithmus $\log_a$ zu einer Basis $a > 0$, wenn man als Basis e wählt; dabei ist $\log_u$ die Umkehrfunktion der Funktion

$$\mathbb{R} \to (0, \infty), \quad x \mapsto a^x := \exp(x \ln(a)). \tag{22.1}$$

Übungsaufgaben

VI.1. Für welche $k \in \mathbb{N}_0$ sind die Funktionen $f_k\colon \mathbb{R} \to \mathbb{R}$ definiert durch

$$f_k(x) := \begin{cases} x^k \sin\left(\frac{1}{x}\right), & x \neq 0, \\ 0, & x = 0, \end{cases}$$

stetig? Skizziere die Graphen für ein stetiges und ein unstetiges f_k!

VI.2. Beweise die Stetigkeitsregeln aus Satz VI.8.

VI.3. Zeige, dass für alle $x, y \in \mathbb{R}$ folgende Identitäten gelten:

a) $\exp(ix) = \cos(x) + i \sin(x)$;

b) $\sin^2(x) + \cos^2(x) = 1$;

c) $\sin(x + y) = \cos(x) \sin(y) + \cos(y) \sin(x)$;

d) $\cos(x + y) = \cos(x) \cos(y) - \sin(x) \sin(y)$.

VI.4. Beweise die Aussagen

a) $\{x \in (0, \infty) : \cos(x) = 0\} \neq \varnothing$;

b) $1 - \frac{x^2}{2} \leq \cos(x) \leq 1 - \frac{x^2}{2} + \frac{x^4}{24}$, $x \in (0, 3]$.

Setze
$$\pi := 2 \cdot \inf\{x \in (0, \infty) : \cos(x) = 0\},$$

und zeige die Äquivalenzen:

c) $\sin(x) = 0 \iff \exists\, k \in \mathbb{Z}: x = k\pi$;

d) $\cos(x) = 0 \iff \exists\, k \in \mathbb{Z}: x = k\pi + \frac{\pi}{2}$.

VI.5. Zeige, dass gilt:

a) $7.8\mathrm{mm} f(x) = \sqrt{x}$, $x \in [0, 1]$, ist gleichmäßig stetig, aber nicht Lipschitz-stetig;

b) $f(x) = \frac{1}{x}$, $x \in (0, 1]$, ist nicht gleichmäßig stetig.

VI.6. Beweise Satz VI.43 über die Stetigkeit und Monotonie der Umkehrfunktion.

VII Differentialrechnung in $\mathbb{R}$

In diesem Kapitel wird der Begriff der Differenzierbarkeit von Funktionen einer (meist) reellen Variablen eingeführt. Differenzierbar bedeutet, dass man lokal die Funktion linear, also durch eine Gerade, approximieren kann. Je öfter eine Funktion differenzierbar ist, desto genauer kann man sie lokal nicht nur durch eine Gerade, sondern durch Polynome höheren Grades approximieren (siehe Kapitel IX).

■ 23
Differenzierbarkeit

Wir formulieren die Differenzierbarkeit für Funktionen auf $K = \mathbb{R}$ oder $\mathbb{C}$ mit Werten in einem normierten Raum Y; die Definition ist in diesem allgemeineren Fall identisch mit der für Funktionen von $\mathbb{R}$ nach $\mathbb{R}$.

Definition VII.1

Es seien $K = \mathbb{R}$ oder $\mathbb{C}$, $(Y, \|\cdot\|)$ ein normierter Raum über K, $f: K \supset D_f \to Y$ eine Funktion und $x_0 \in D_f$ Häufungspunkt von D_f. Dann heißt f *differenzierbar in* x_0

$$:\Longleftrightarrow \quad \text{es existiert} \quad \lim_{x \to x_0} \frac{f(x) - f(x_0)}{x - x_0} =: f'(x_0); \qquad (23.1)$$

ist f in jedem $x \in D_f$ differenzierbar, so heißt f *differenzierbar in* D_f. Man nennt $f'(x_0) \in Y$ *Ableitung von f in* x_0 und bezeichnet als *Ableitung von f* die Funktion

$$f': K \supset D_f \to Y, \quad x \mapsto f'(x).$$

Bemerkung. – Der Grenzwert in (23.1) heißt *Differentialquotient* und ist gleich

$$\lim_{h \to 0} \frac{f(x_0 + h) - f(x_0)}{h}.$$

– Statt f' schreibt man auch $\frac{df}{dx}$ oder Df.

Geometrisch ist für reellwertige Funktionen f der Differenzenquotient

$$\frac{f(x) - f(x_0)}{x - x_0}$$

die Steigung der Sekanten des Graphen von f in den Punkten $(x_0, f(x_0))$ und $(x, f(x))$. Für $x \to x_0$ geht die Sekante in die Tangente an den Graphen von f im Punkt $(x_0, f(x_0))$ über; die Ableitung $f'(x_0)$ ist die Steigung dieser Tangente.

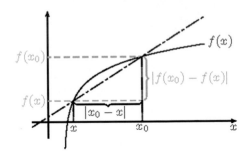

Abb. 23.1: Geometrische Deutung des Differenzenquotienten für $K = \mathbb{R} = Y$

Beispiele VII.2

– $f(x) = x^n$, $x \in \mathbb{R}$, mit $n \in \mathbb{N}_0$ ist differenzierbar in $\mathbb{R}$ mit

$$f'(x) = (x^n)' = \begin{cases} 0, & n = 0, \\ nx^{n-1}, & n \neq 0, \end{cases} \quad x \in \mathbb{R}.$$

Beweis. Ist $n = 0$, so ist $f \equiv 1$ und damit der Differenzenquotient immer 0, also gilt (23.1) mit $f'(x_0) = 0$. Ist $n \geq 1$ und $x_0 \in \mathbb{R}$, $x \in \mathbb{R} \setminus \{0\}$, $x \neq x_0$, so folgt mit der geometrischen Summenformel (Satz II.7)

$$\frac{x^n - x_0^n}{x - x_0} = \frac{x^n}{x} \frac{1 - \left(\frac{x_0}{x}\right)^n}{1 - \frac{x_0}{x}} = x^{n-1} \sum_{k=0}^{n-1} \left(\frac{x_0}{x}\right)^k = \sum_{k=0}^{n-1} x_0^k \, x^{n-1-k}$$

$$= \underbrace{x^{n-1} + x_0 x^{n-2} + \cdots + x_0^{n-2} x + x_0^{n-1}}_{n \text{ Summanden}} \xrightarrow{x \to x_0} nx_0^{n-1}. \qquad \square$$

– $f(x) = \dfrac{1}{x^n}$, $x \in \mathbb{R} \setminus \{0\}$, mit $n \in \mathbb{N}$ ist differenzierbar in $\mathbb{R} \setminus \{0\}$ mit

$$f'(x) = \left(\frac{1}{x^n}\right)' = (x^{-n})' = -nx^{-n-1} = -n\frac{1}{x^{n+1}}, \quad x \in \mathbb{R} \setminus \{0\}.$$

Beweis. Für $n \geq 1$, $x_0 \in \mathbb{R}$, $x \in \mathbb{R} \setminus \{0\}$, $x \neq x_0$, gilt nach erstem Beispiel:

$$\frac{\frac{1}{x^n} - \frac{1}{x_0^n}}{x - x_0} = -\frac{1}{x^n x_0^n} \overbrace{\frac{x^n - x_0^n}{x - x_0}}^{\substack{\to x_0^{-2n} \quad \to nx_0^{n-1}}} \longrightarrow -nx_0^{-2n} x_0^{n-1} = -nx_0^{-n-1}. \qquad \square$$

– $f(x) = |x|$, $x \in \mathbb{R}$, ist differenzierbar in $\mathbb{R} \setminus \{0\}$, aber nicht in $x_0 = 0$.

Beweis. Man überlegt sich leicht, dass $f'(x) = \operatorname{sign} x$, $x \in \mathbb{R} \setminus \{0\}$. Für $x_0 = 0$ existiert der Limes in (23.1) nicht, denn

$$\lim_{x \searrow 0} \frac{|x| - |0|}{x - 0} = \lim_{x \searrow 0} \frac{x}{x} = 1 \neq -1 = \lim_{x \nearrow 0} \frac{-x}{x} = \lim_{x \nearrow 0} \frac{|x| - |0|}{x - 0}. \qquad \square$$

– $f(x) = \sqrt{x},\ x \in [0, \infty)$, ist differenzierbar in $(0, \infty)$, aber nicht in 0, mit

$$f'(x) = \left(\sqrt{x} \right)' = \left(x^{\frac{1}{2}} \right)' = \frac{1}{2} x^{-\frac{1}{2}} = \frac{1}{2\sqrt{x}}, \qquad x \in (0, \infty).$$

Beweis. Eine gute Übung! Was geht bei 0 schief? (Aufgabe VII.2). □

Die Funktion $\exp \colon \mathbb{C} \to \mathbb{C}$ ist differenzierbar in $\mathbb{C}$, und es gilt: **Beispiel VII.3**

(i) $\displaystyle \lim_{z \to 0} \frac{\exp(z) - 1}{z} = 1$,

(ii) $\exp' = \exp$.

Beweis. (i) Es sei $z \in \mathbb{C}, 0 < |z| < 1$. Wegen der absoluten Konvergenz der Exponentialreihe (Satz V.41) liefern die verallgemeinerte Dreiecksungleichung (Proposition V.35) und die Formel für die geometrischen Reihe (Beispiel V.17):

$$\left| \frac{\exp(z) - 1}{z} - 1 \right| = \left| \frac{1}{z} \sum_{n=1}^{\infty} \frac{z^n}{n!} - 1 \right| = \left| \sum_{n=2}^{\infty} \frac{z^{n-1}}{n!} \right| \le \sum_{n=2}^{\infty} |z|^{n-1}$$

$$= \sum_{n=1}^{\infty} |z|^n = \frac{1}{1 - |z|} - 1 = \underbrace{\frac{\overset{\to 0}{|z|}}{1 - |z|}}_{\to 1} \xrightarrow{z \to 0} 0.$$

(ii) Für beliebiges $z_0 \in \mathbb{C}$ und $h \in \mathbb{C},\ h \neq 0$, folgt mit der Funktionalgleichung (Satz V.47 (ii)) und mit Behauptung (i):

$$\frac{\exp(z_0 + h) - \exp(z_0)}{h} = \exp(z_0) \cdot \underbrace{\frac{\exp(h) - 1}{h}}_{\to 1} \xrightarrow{h \to 0} \exp(z_0). \qquad \square$$

Das Fazit des folgenden Satzes ist: Differenzierbar heißt linear approximierbar!

Es seien $K = \mathbb{R}$ oder $\mathbb{C}$, $(Y, \| \cdot \|)$ normierter Raum über K, $f \colon K \supset D_f \to Y$ eine   **Satz VII.4**
Funktion und $x_0 \in D_f$ Häufungspunkt von D_f. Äquivalent sind:

(i) *f ist differenzierbar in x_0.*

(ii) *Es existieren $m_{x_0} \in Y$ und eine in x_0 stetige Funktion $r \colon K \supset D_f \to Y$ mit $r(x_0) = 0$, so dass*

$$f(x) = f(x_0) + m_{x_0}(x - x_0) + r(x)(x - x_0), \qquad x \in D_f; \qquad (23.2)$$

in diesem Fall ist $m_{x_0} = f'(x_0)$.

Beweis. „(i) $\Rightarrow$ (ii)": Setze $m_{x_0} := f'(x_0)$. Dann gilt (23.2) mit

$$r(x) := \begin{cases} \dfrac{f(x) - f(x_0)}{x - x_0} - m_{x_0}, & x \neq x_0, \\[2mm] 0, & x = x_0. \end{cases}$$

Die Funktion r ist stetig in x_0 mit $\lim_{x \to x_0} r(x) = f'(x_0) - m_{x_0} = 0 = r(x_0)$.

„(ii) $\Rightarrow$ (i)": Für $x \neq x_0$ folgt aus (23.2), weil r stetig ist in x_0 und $r(x_0) = 0$,

$$\frac{f(x) - f(x_0)}{x - x_0} = m_{x_0} + \underbrace{r(x)}_{\to\, r(x_0) = 0} \xrightarrow{x \to x_0} m_{x_0}.$$

Also existiert der Grenzwert in (23.1), und es ist $f'(x_0) = m_{x_0}$. $\qquad\square$

Bemerkung. Die Differenzierbarkeit von f in x_0 ist also äquivalent dazu, dass f *linear approximierbar* ist, d.h., es existiert eine lineare Funktion (die Tangente!)

$$L : K \supset D_f \to Y, \quad L(x) = f(x_0) + f'(x_0)(x - x_0),$$

so dass $f(x) - L(x) \to 0$ für $x \to x_0$, sogar „schneller" als $x - x_0$:

$$\lim_{x \to x_0} \frac{f(x) - L(x)}{x - x_0} = 0.$$

Korollar VII.5   Ist f differenzierbar in x_0, so ist f stetig in x_0.

Beweis. Die Behauptung folgt mit Bemerkung VI.17, weil nach Satz VII.4 gilt:

$$\lim_{x \to x_0} f(x) = \lim_{x \to x_0} \left(f(x_0) + m_{x_0} \overbrace{(x - x_0)}^{\to 0} + \overbrace{r(x)}^{\to 0}\, \overbrace{(x - x_0)}^{\to 0} \right) = f(x_0). \qquad\square$$

Bemerkung. Die Umkehrung gilt nicht! Die Funktion $f(x) = |x|, x \in \mathbb{R}$, etwa ist stetig in 0, aber nicht differenzierbar in 0.

Es gibt sogar *überall stetige* und *nirgends differenzierbare* Funktionen, z.B. die Kochsche Schneeflockenkurve (Aufgabe V.8) oder die Weierstraß-Funktion ([26, Abschnitt 9.6.2, Abb. 9.6.3])

$$f(x) = \sum_{k=0}^{\infty} 4^k \cos(4^k \pi x), \quad x \in \mathbb{R}.$$

Die folgenden Ableitungsregeln sind überaus nützlich, um die Differenzierbarkeit komplizierterer Funktionen zu untersuchen und ihre Ableitungen zu berechnen.

Satz VII.6   *Sind $(Y, \|\cdot\|)$ normierter Raum über $K = \mathbb{R}$ oder $\mathbb{C}$, $f, g : K \supset D \to Y$ Funktionen, $x_0 \in D$ Häufungspunkt von D und f, g differenzierbar in x_0, so gilt:*

(i) Linearität: *Sind $\alpha, \beta \in K$, so ist $\alpha f + \beta g$ in x_0 differenzierbar mit*

$$(\alpha f + \beta g)'(x_0) = \alpha f'(x_0) + \beta g'(x_0).$$

(ii) Produktregel: *Ist $Y = K$, so ist $f \cdot g$ differenzierbar in x_0 mit*

$$(f \cdot g)'(x_0) = f'(x_0) \cdot g(x_0) + f(x_0) \cdot g'(x_0).$$

(iii) Quotientenregel: *Ist $Y = K$ und $g(x_0) \neq 0$, so ist $\frac{f}{g}$ in x_0 differenzierbar mit*

$$\left(\frac{f}{g}\right)'(x_0) = \frac{f'(x_0)g(x_0) - f(x_0)g'(x_0)}{g(x_0)^2}.$$

Beweis. (i) Die Behauptungen folgen direkt aus der Definition VII.1 der Ableitung und den Rechenregeln für Grenzwerte.

(ii) Da g differenzierbar in x_0 ist, ist g auch stetig in x_0 (Korollar VII.5), also gilt $\lim_{x \to x_0} g(x) = g(x_0)$. Damit folgt für $x \in D, x \neq x_0$:

$$\frac{(fg)(x) - (fg)(x_0)}{x - x_0} = \underbrace{\frac{f(x) - f(x_0)}{x - x_0}}_{\to f'(x_0)} \cdot \underbrace{g(x)}_{\to g(x_0)} + f(x_0) \cdot \underbrace{\frac{g(x) - g(x_0)}{x - x_0}}_{\to g'(x_0)}$$

$$\xrightarrow{x \to x_0} f'(x_0)g(x_0) + f(x_0)g'(x_0).$$

(iii) Da g stetig ist in x_0 (siehe oben) und $g(x_0) \neq 0$, gibt es $\delta > 0$ mit $g(x) \neq 0$, $x \in B_\delta(x_0) = \{x \in D : |x - x_0| < \delta\}$ (sonst gäbe es eine Folge $(x_n)_{n \in \mathbb{N}} \subset D$ mit $g(x_n) = 0$ und $x_n \to x_0, n \to \infty$). Dann ist für $x \in B_\delta(x_0), x \neq x_0$,

$$\frac{\left(\frac{f}{g}\right)(x) - \left(\frac{f}{g}\right)(x_0)}{x - x_0} = \underbrace{\frac{1}{g(x)\,g(x_0)}}_{\to g(x_0)} \left(\underbrace{\frac{f(x) - f(x_0)}{x - x_0}}_{\to f'(x_0)} \cdot g(x_0) - f(x_0) \cdot \underbrace{\frac{g(x) - g(x_0)}{x - x_0}}_{\to g'(x_0)} \right)$$

$$\xrightarrow{x \to x_0} \frac{f'(x_0)g(x_0) - f(x_0)g'(x_0)}{g(x_0)^2}. \qquad \square$$

(i) Die Menge der differenzierbaren Funktionen $f : K \supset D \to Y$ bildet einen Vektorraum über K.

(ii) Polynome sind auf ganz $\mathbb{R}$ bzw. $\mathbb{C}$ differenzierbar.

(iii) Rationale Funktionen sind auf ihrem Definitionsbereich differenzierbar.

Korollar VII.7

Kettenregel. *Es seien $K = \mathbb{R}$ oder $\mathbb{C}, f : K \supset D_f \to K, g : K \supset D_g \to K$ Funktionen mit $f(D_f) \subset D_g$, $x_0 \in D_f$ Häufungspunkt von D_f und $f(x_0)$ Häufungspunkt von D_g. Ist f differenzierbar in x_0 und g differenzierbar in $f(x_0)$, so ist $g \circ f$ differenzierbar in x_0 mit*

$$(g \circ f)'(x_0) = g'(f(x_0)) \cdot f'(x_0).$$

Satz VII.8

Beweis. Für den Beweis benutzen wir die Äquivalenz der Differenzierbarkeit mit der linearen Approximierbarkeit (Satz VII.4). Nach Voraussetzung und Satz VII.4 gibt es in x_0 bzw. $f(x_0)$ stetige Funktionen $r_f : K \supset D_f \to K, r_g : K \supset D_g \to K$ mit $r_f(x_0) = 0$,

$r_g(f(x_0)) = 0$ und

$$f(x) = f(x_0) + f'(x_0)(x - x_0) + r_f(x)(x - x_0), \qquad\qquad x \in D_f,$$
$$g(y) = g(f(x_0)) + g'(f(x_0))(y - f(x_0)) + r_g(y)(y - f(x_0)), \qquad\qquad y \in D_g.$$

Einsetzen der ersten Gleichung in die zweite mit $y = f(x)$ für $x \in D_f$ liefert:

$$(g \circ f)(x) = g(f(x_0)) + g'(f(x_0))(f(x) - f(x_0)) + r_g(f(x))(f(x) - f(x_0))$$

$$= g(f(x_0)) + g'(f(x_0))(f'(x_0)(x - x_0) + r_f(x)(x - x_0))$$
$$+ r_g(f(x))(f'(x_0)(x - x_0) + r_f(x)(x - x_0))$$
$$= (g \circ f)(x_0) + g'(f(x_0))f'(x_0)(x - x_0) + r_{g \circ f}(x)(x - x_0),$$

wobei

$$r_{g \circ f}(x) := g'(f(x_0)) r_f(x) + r_g(f(x))(f'(x_0) + r_f(x)), \quad x \in D_f.$$

Als Summe und Komposition stetiger Funktionen ist $r_{g \circ f}$ stetig in x_0 mit

$$r_{g \circ f}(x_0) = g'(f(x_0)) \underbrace{r_f(x_0)}_{=0} + \underbrace{r_g(f(x_0))}_{=0}(f'(x_0) + r_f(x_0)) = 0.$$

Die Behauptung folgt nun wiederum aus Satz VII.4. $\qquad\qquad\square$

Beispiele   – sin, cos: $\mathbb{R} \to \mathbb{R}$ sind differenzierbar (Beispiel VI.14) mit:

$$\sin'(x) = \frac{1}{2i}(i \exp'(ix) - (-i) \exp'(-ix)) = \frac{1}{2}(\exp(ix) + \exp(-ix)) = \cos(x),$$

$$\cos'(x) = \frac{1}{2}(i \exp'(ix) + (-i) \exp'(-ix)) = \frac{i}{2}(\exp(ix) - \exp(-ix)) = -\sin(x).$$

– $\tan(x) := \dfrac{\sin(x)}{\cos(x)}, x \in \mathbb{R} \setminus \left\{(2k + 1)\dfrac{\pi}{2} : k \in \mathbb{Z}\right\}$ (vgl. Aufgabe VI.4), ist differenzierbar mit

$$(\tan)'(x) = \frac{\sin'(x)\cos(x) - \sin(x)\cos'(x)}{\cos^2(x)} = \frac{\cos^2(x) + \sin^2(x)}{\cos^2(x)} = \frac{1}{\cos^2(x)}.$$

– $f(x) = \exp^2(x)$, $g(x) = \exp(x^2), x \in \mathbb{R}$, sind differenzierbar mit

$$f'(x) = 2 \cdot \exp(x) \cdot \exp'(x) = 2 \exp^2(x);$$
$$g'(x) = \exp'(x^2) \cdot (x^2)' = 2x \exp(x^2).$$

Satz VII.9   **Ableitung der Umkehrfunktion.**   *Es seien $K = \mathbb{R}$ oder $\mathbb{C}, f: K \supset D_f \to K$ injektiv, $x_0 \in D_f$ Häufungspunkt von D_f, f differenzierbar in x_0 und $f^{-1}: K \supset f(D_f) \to K$ stetig in $y_0 := f(x_0)$. Dann ist*

$$f^{-1} \text{ differenzierbar in } y_0 \iff f'(x_0) \neq 0;$$

in diesem Fall ist

$$(f^{-1})'(y_0) = \frac{1}{f'(f^{-1}(y_0))}. \qquad\qquad (23.3)$$

Beweis. „$\Longrightarrow$": Aus $(f^{-1} \circ f)(x) = x$, $x \in D_f$, folgt nach Differentiation mit der Kettenregel (Satz VII.8):

$$1 = (f^{-1} \circ f)'(x_0) = (f^{-1})'(f(x_0)) \cdot f'(x_0) = (f^{-1})'(y_0) \cdot f'(x_0);$$

insbesondere folgt $f'(x_0) \neq 0$ und $(f^{-1})'(y_0) = \frac{1}{f'(x_0)}$, also (23.3).

„$\Longleftarrow$": Wir zeigen erst, dass y_0 Häufungspunkt von $D_{f^{-1}} = f(D_f)$ ist. Da x_0 Häufungspunkt von D_f ist, gibt es eine Folge $(x_n)_{n\in\mathbb{N}} \subset D_f$, $x_n \neq x_0$, mit $x_n \to x_0$, $n \to \infty$. Weil f nach Korollar VII.5 stetig in x_0 ist, gilt $y_n := f(x_n) \to f(x_0) = y_0$, $n \to \infty$. Da f injektiv ist, ist wegen $x_n \neq x_0$ auch $y_n = f(x_n) \neq f(x_0) = y_0$.

Um zu zeigen, dass f^{-1} differenzierbar in y_0 ist, sei $(y_n)_{n\in\mathbb{N}} \subset f(D_f)$, $y_n \neq y_0$, eine Folge mit $y_n \to y_0$, $n \to \infty$. Da $f^{-1}: f(D_f) \to D_f$ bijektiv ist, folgt aus $y_n \neq y_0$ dann $x_n := f^{-1}(y_n) \neq f^{-1}(y_0) = x_0$. Weil f^{-1} nach Satz VI.43 stetig ist, folgt $x_n \to x_0$, $n \to \infty$. Nach Voraussetzung und Definition der Ableitung gilt dann

$$0 \neq f'(x_0) = \lim_{n\to\infty} \frac{f(x_n) - f(x_0)}{x_n - x_0}.$$

Damit folgt, dass der Grenzwert

$$\lim_{n\to\infty} \frac{f^{-1}(y_n) - f^{-1}(y_0)}{y_n - y_0} = \frac{1}{\lim_{n\to\infty} \frac{f(x_n)-f(x_0)}{x_n-x_0}} = \frac{1}{f'(x_0)} = \frac{1}{f'(f^{-1}(y_0))}$$

existiert, d.h., f^{-1} ist differenzierbar in y_0. $\qquad\square$

Beispiele VII.10

(i) $\ln: (0, \infty) \to \mathbb{R}$ ist differenzierbar mit

$$\ln'(x) = \frac{1}{\exp'(\ln(x))} = \frac{1}{\exp(\ln(x))} = \frac{1}{x}, \quad x \in (0, \infty).$$

(ii) $\sin: [-\frac{\pi}{2}, \frac{\pi}{2}] \to [-1, 1]$, $\cos[0, \pi] \to [-1, 1]$ sind bijektiv mit Umkehrfunktionen

$$\arcsin: [-1, 1] \to \left[-\frac{\pi}{2}, \frac{\pi}{2}\right], \quad \arccos: [-1, 1] \to [0, \pi],$$

die differenzierbar auf $(-1, 1)$ sind mit

$$\arcsin'(x) = \frac{1}{\sin'(\arcsin(x))} = \frac{1}{\cos(\arcsin(x))} = \frac{1}{\sqrt{1 - (\sin(\arcsin(x)))^2}}$$
$$= \frac{1}{\sqrt{1 - x^2}},$$
$$\arccos'(x) = \ldots = -\frac{1}{\sqrt{1-x^2}},$$

aber nicht differenzierbar in den beiden Randpunkten -1 und 1, da $\sin'(\pm\frac{\pi}{2}) = \cos(\pm\frac{\pi}{2}) = 0$.

(iii) $\tan: (-\frac{\pi}{2}, \frac{\pi}{2}) \to \mathbb{R}$ is bijektiv mit differenzierbarer Umkehrfunktion

$$\arctan: \mathbb{R} \to \left(-\frac{\pi}{2}, \frac{\pi}{2}\right), \quad \arctan'(x) = \frac{1}{1 + x^2}.$$

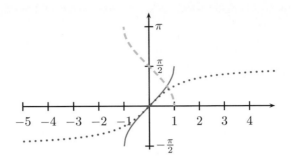

Abb. 23.2: Graphen der Funktionen arcsin, arccos und arctan

Rekursiv definieren wir nun Ableitungen $f^{(n)}$ höherer Ordnung einer Funktion. Dazu setzen wir für eine differenzierbare Funktion $f^{(0)} := f, f^{(1)} := f'$.

Definition VII.11   Es seien $K = \mathbb{R}$ oder $\mathbb{C}$, $(Y, \|\cdot\|)$ ein normierter Raum über $K, f: K \supset D_f \to Y$ eine Funktion und $x_0 \in D_f$ Häufungspunkt von D_f. Für $n = 2, 3, \ldots$ definiert man dann rekursiv: f heißt *n-mal differenzierbar in x_0*

$$:\Longleftrightarrow \quad f, f', \ldots, f^{(n-2)} \text{ differenzierbar in } D_f, \quad f^{(n-1)} \text{ differenzierbar in } x_0;$$

ist f in jedem $x \in D_f$ n-mal differenzierbar, heißt f *n-mal differenzierbar in D_f.* Man nennt $f^{(n)}(x_0) := (f^{(n-1)})'(x_0)$ die *n-te Ableitung von f in x_0* und bezeichnet als *n-te Ableitung* von f die Funktion

$$f^{(n)}: K \supset D_f \to Y, \quad x \mapsto f^{(n)}(x) = (f^{(n-1)})'(x).$$

Bemerkung.   – In den Fällen $n = 2, 3, 4$ schreibt man auch f'', f''', f''''.

– Ist f n-mal differenzierbar, so sind $f, f', \ldots f^{(n-1)}$ stetig nach Korollar VII.5.

Definition VII.12   Es seien $K = \mathbb{R}$ oder $\mathbb{C}$, $(Y, \|\cdot\|)$ ein normierter Raum über $K, f: D_f \to Y$ und $n \in \mathbb{N}_0$. Dann f heißt *n-mal stetig differenzierbar in D*

$$:\Longleftrightarrow \quad f \text{ } n\text{-mal differenzierbar in } D_f, \quad f^{(n)} \text{ stetig in } D_f.$$

Ist $D \subset K$, so definieren wir die Vektorräume von Funktionen

$$C^n(D) := C^n(D, Y) := \{f: D \to Y, f \text{ } n\text{-mal stetig differenzierbar}\},$$
$$C^\infty(D) := \bigcap_{n \in \mathbb{N}_0} C^n(D, Y).$$

Bemerkung.   – $C^n(D)$ und $C^\infty(D)$ sind Untervektorräume von $C(D)$;

– $C^\infty(D) \subset \ldots \subset C^{n+1}(D) \subset C^n(D) \subset \ldots \subset C^1(D) \subset C^0(D) = C(D).$

Leibniz-Regel. *Es seien $K = \mathbb{R}$ oder $\mathbb{C}$, $f, g : K \supset D \to K$ Funktionen, $x_0 \in D$ Häufungspunkt von D und $n \in \mathbb{N}_0$. Sind f und g n-mal differenzierbar in x_0, so ist auch $f \cdot g$ n-mal differenzierbar in x_0 mit*

$$(f \cdot g)^{(n)}(x_0) = \sum_{k=0}^{n} \binom{n}{k} f^{(k)}(x_0) g^{(n-k)}(x_0).$$

Satz VII.13

Beweis. Wir führen Induktion nach n. Der Fall $\underline{n = 0}$ ist offensichtlich.

$\underline{n \rightsquigarrow n+1}$: Nach Induktionsvoraussetzung, Produktregel und der Summenformel für Binomialkoeffizienten (Proposition II.14) gilt:

$$(f \cdot g)^{(n+1)}(x_0) = \left((f \cdot g)^{(n)} \right)'(x_0)$$

$$= \left(\sum_{k=0}^{n} \binom{n}{k} f^{(k)} g^{(n-k)} \right)'(x_0)$$

$$= \sum_{k=0}^{n} \binom{n}{k} f^{(k+1)}(x_0) g^{(n-k)}(x_0) + \sum_{k=0}^{n} \binom{n}{k} f^{(k)}(x_0) g^{(n-k+1)}(x_0)$$

$$= \sum_{k=1}^{n+1} \binom{n}{k-1} f^{(k)}(x_0) g^{(n-(k-1))}(x_0) + \sum_{k=0}^{n} \binom{n}{k} f^{(k)}(x_0) g^{(n-k+1)}(x_0)$$

$$= f^{(n+1)}(x_0) g(x_0) + \sum_{k=1}^{n} \underbrace{\left(\binom{n}{k-1} + \binom{n}{k} \right)}_{= \binom{n+1}{k}} f^{(k)}(x_0) g^{(n+1-k)}(x_0) + f(x_0) g^{(n+1)}(x_0)$$

$$= \sum_{k=0}^{n+1} \binom{n+1}{k} f^{(k)}(x_0) g^{(n+1-k)}(x_0). \qquad \square$$

Speziell für $K = \mathbb{R}$ hat man noch den Begriff einseitiger Ableitungen:

Es sei $(Y, \|\cdot\|)$ ein normierter Raum über $\mathbb{R}$, $f : \mathbb{R} \supset D_f \to Y$ eine Funktion, $x_0 \in D_f$ Häufungspunkt von $D_f \cap [x_0, \infty)$ bzw. $D_f \cap (\infty, x_0]$. Man nennt f *rechtsseitig* bzw. *linksseitig differenzierbar* in x_0,

Definition VII.14

$$:\Longleftrightarrow \text{ es existiert } \lim_{x \searrow x_0} \frac{f(x) - f(x_0)}{x - x_0} =: f'_+(x_0) \text{ bzw. } \lim_{x \nearrow x_0} \frac{f(x) - f(x_0)}{x - x_0} =: f'_-(x_0);$$

dann heißen $f'_+(x_0)$ bzw. $f'_-(x_0)$ *rechts-* bzw. *linksseitige Ableitung von f in x_0; f heißt rechts-* bzw. *linksseitig differenzierbar* in D_f, wenn dies in jedem $x \in D_f$ gilt, und *einseitig differenzierbar*, wenn f rechts- oder linksseitig differenzierbar ist.

$f(x) = |x|$, $x \in \mathbb{R}$, ist links- und rechtsseitig differenzierbar in $\mathbb{R}$ mit

$$f'_-(x) = f'_+(x) = -1, \quad x \in (-\infty, 0), \qquad f'_-(0) = -1,$$
$$f'_-(x) = f'_+(x) = 1, \quad x \in (0, \infty), \qquad f'_+(0) = 1.$$

Beispiel

Bemerkung. f ist genau dann differenzierbar in x_0, wenn f links- und rechtsseitig differenzierbar in x_0 ist mit $f'_+(x_0) = f'_-(x_0)$; dann ist
$$f'(x_0) = f'_-(x_0) = f'_+(x_0).$$

■ 24

Mittelwertsätze und lokale Extrema

Der Mittelwertsatz ist das zentrale Hilfsmittel, um notwendige und hinreichende Bedingungen für lokale Extrema von Funktionen $f \colon \mathbb{R} \subset D_f \to \mathbb{R}$ herzuleiten; dabei ist D_f immer ein Intervall mit Randpunkten $a, b \in \mathbb{R}, -\infty < a < b < \infty$.

Definition VII.15   Es seien (X, d) ein metrischer Raum, $f \colon X \supset D_f \to \mathbb{R}$ eine Funktion und $x_0 \in D_f$. Man sagt, f hat in x_0 ein *lokales Minimum* bzw. *Maximum*

$$:\Longleftrightarrow \ \exists \, \varepsilon > 0 \ \forall \, x \in D_f, \ d(x, x_0) < \varepsilon \colon f(x_0) \le f(x) \ \text{bzw.} \ f(x_0) \ge f(x)$$

und ein *globales Minimum* bzw. *Maximum*

$$:\Longleftrightarrow \ \forall \, x \in D_f \colon f(x_0) \le f(x) \ \text{bzw.} \ f(x_0) \ge f(x).$$

Der Punkt x_0 heißt *lokale* bzw. *globale Extremstelle* von f, wenn f in x_0 ein lokales bzw. globales Minimum oder Maximum hat.

Satz VII.16   *Es seien $f \colon \mathbb{R} \supset (a, b) \to \mathbb{R}$ eine Funktion und $x_0 \in (a, b)$. Hat f in x_0 eine lokale Extremstelle und ist f in x_0 differenzierbar, so folgt*

$$f'(x_0) = 0.$$

Beweis. Es sei etwa x_0 ein lokales Minimum (sonst betrachte $-f$). Dann existiert ein $\varepsilon > 0$ mit $(x_0 - \varepsilon, x_0 + \varepsilon) \subset (a, b)$ und

$$\forall \, x \in (x_0 - \varepsilon, x_0 + \varepsilon) \colon f(x_0) \le f(x).$$

Da f differenzierbar in x_0 ist, folgt damit

$$f'_+(x_0) = \lim_{x \searrow x_0} \frac{\overbrace{f(x) - f(x_0)}^{\ge 0}}{\underbrace{x - x_0}_{> 0}} \ge 0, \qquad f'_-(x_0) = \lim_{x \nearrow x_0} \frac{\overbrace{f(x) - f(x_0)}^{\ge 0}}{\underbrace{x - x_0}_{< 0}} \le 0,$$

also insgesamt $f'(x_0) = f'_-(x_0) = f'_+(x_0) = 0$.   □

Bemerkung.   – Punkte $x \in D_f$ mit $f'(x) = 0$ heißen auch *kritische Punkte*.

   – $f'(x_0) = 0$ ist notwendig für lokale Extremstellen, aber nicht hinreichend; z.B. hat $f(x) = x^3, x \in \mathbb{R}$, in $x_0 = 0$ kein lokales Extremum, aber $f'(0) = 0$.

   – Kandidaten für lokale Extremstellen einer Funktion $f \colon [a, b] \to \mathbb{R}$ sind also:

     – die Randpunkte a, b,
     – die Punkte in (a, b), in denen f nicht differenzierbar ist,
     – die kritischen Punkte von f in (a, b).

Aus Satz VII.16 folgt mit Satz VI.37 vom Minimum und Maximum sofort:

Es sei $f: \mathbb{R} \supset [a, b] \to \mathbb{R}$ stetig in $[a, b]$ und differenzierbar in (a, b). Dann nimmt f sein (globales) Minimum und Maximum entweder auf dem Rand des Intervalls $[a, b]$ oder in einem kritischen Punkt an: **Korollar VII.17**

$$\max_{x \in [a,b]} f(x) \in \left\{ f(a), f(b), \max\{ f(x) : x \in (a, b), f'(x) = 0 \} \right\}$$

und analog für $\min_{x \in [a,b]} f(x)$.

Satz von Rolle. *Es sei $f: \mathbb{R} \supset [a, b] \to \mathbb{R}$ stetig in $[a, b]$ und differenzierbar in (a, b). Ist $f(a) = f(b)$, dann existiert ein $\xi \in (a, b)$ mit* **Satz VII.18**

$$f'(\xi) = 0.$$

Beweis. 1. Fall: f konstant. Dann ist $f' = 0$ nach Beispiel VII.2 mit $n = 0$, also gilt $f'(\xi) = 0$ für beliebiges $\xi \in (a, b)$.

2. Fall: f nicht konstant. Dann existiert $x_0 \in (a, b)$ mit

$$f(x_0) < f(a) = f(b) \quad \text{oder} \quad f(x_0) > f(a) = f(b).$$

Weil f stetig auf $[a, b]$ ist, nimmt es nach Satz VI.37 sein Minimum bzw. Maximum dann in einem Punkt $\xi \in (a, b)$ an. Also ist $\xi \in (a, b)$ eine Extremstelle, und da f in (a, b) differenzierbar ist, folgt $f'(\xi) = 0$ aus Satz VII.16. $\square$

Aus dem Satz von Rolle ergibt sich durch eine einfache Transformation sofort der folgende zentrale Satz der Differentialrechnung (vgl. Abb. 24.1):

Mittelwertsatz. *Es sei $f: \mathbb{R} \supset [a, b] \to \mathbb{R}$ stetig in $[a, b]$ und differenzierbar in (a, b). Dann existiert ein $\xi \in (a, b)$ mit* **Satz VII.19**

$$f'(\xi) = \frac{f(b) - f(a)}{b - a}.$$

Beweis. Wir wollen den Satz von Rolle anwenden auf die Hilfsfunktion:

$$h(x) := f(x) - \frac{f(b) - f(a)}{b - a}(x - a), \quad x \in [a, b].$$

Genau wie f ist h stetig auf $[a, b]$ und differenzierbar auf (a, b) mit

$$h(a) = f(a), \quad h(b) = f(b) - \frac{f(b) - f(a)}{b - a}(b - a) = f(a) = h(a),$$

erfüllt also die Voraussetzungen von Satz VII.18. Folglich gibt es ein $\xi \in (a, b)$ mit

$$0 = h'(\xi) = f'(\xi) - \frac{f(b) - f(a)}{b - a}. \qquad \square$$

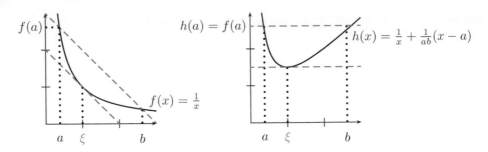

Abb. 24.1: Mittelwertsatz und Transformation auf den Satz von Rolle

Geometrisch bedeutet der Mittelwertsatz, dass es einen Punkt $\xi \in (a, b)$ gibt, in dem die Tangentensteigung gleich der Sekantensteigung in a und b ist.

Aus dem Mittelwertsatz lassen sich eine ganz Reihe wichtiger Folgerungen ziehen:

Korollar VII.20   Ist $f \colon \mathbb{R} \supset [a, b] \to \mathbb{R}$ stetig auf $[a, b]$ und differenzierbar auf (a, b) oder ist $f \colon \mathbb{R} \to \mathbb{R}$ stetig differenzierbar, so gilt:

$$f \text{ konstant} \iff f' = 0.$$

Beweis. „$\Longrightarrow$": Diese Implikation haben wir in Beispiel VII.2 gezeigt.

„$\Longleftarrow$": Es seien $x_1, x_2 \in [a, b]$ (bzw. $\mathbb{R}$) beliebig, ohne Einschränkung $x_1 < x_2$. Nach dem Mittelwertsatz (Satz VII.19) existiert ein $\xi \in (x_1, x_2)$ mit

$$f(x_2) - f(x_1) = (x_2 - x_1)f'(\xi) = 0,$$

da $f' = 0$, also $f(x_2) = f(x_1)$. Da x_1, x_2 beliebig waren, muss f konstant sein. □

Lineare Differentialgleichungen erster Ordnung mit konstanten Koeffizienten beschreiben in der Natur Zerfalls- oder Wachstumsprozesse. Mit Hilfe von Korollar VII.20 können wir jetzt alle Lösungen solcher Gleichungen angeben.

Satz VII.21   *Es sei $\lambda \in \mathbb{R}$ und $I \subseteq \mathbb{R}$ ein Intervall. Jede stetig differenzierbare Lösung $y \colon I \to \mathbb{R}$ der Differentialgleichung*

$$y'(x) = \lambda y(x), \quad x \in I, \tag{24.1}$$

ist von der Form $y(x) = C \exp(\lambda x)$, $x \in I$, mit einem $C \in \mathbb{R}$. Insbesondere ist die Exponentialfunktion $\exp$ die eindeutige Lösung des „Anfangswertproblems"

$$y' = y, \quad y(0) = 1.$$

Beweis. Für $f(x) := y(x) \cdot \exp(-\lambda x)$, $x \in I$, gilt nach Produkt- und Kettenregel:

$$f'(x) = y'(x)\exp(-\lambda x) + y(x)(-\lambda)\exp(-\lambda x) = \underbrace{(y'(x) - \lambda y(x))}_{=0 \text{ nach } (24.1)}\exp(-\lambda x) = 0.$$

Nach Korollar VII.20 ist dann f konstant, d.h., es gibt $C \in \mathbb{R}$ mit $f(x) = C, x \in I$. Für $\lambda = 1$ folgt aus der Bedingung $y(0) = 1$, dass $C = C\exp(0) = y(0) = 1$. □

Als Nächstes benutzen wir die Ableitung einer Funktion, um Informationen über ihre Monotonie und Kriterien für die Klassifikation lokaler Extrema zu erhalten.

Ist X eine Menge und $f: X \to \mathbb{R}$ eine Funktion, schreiben wir **Bezeichnung VII.22**

$$f > 0 \quad :\Longleftrightarrow \quad \forall\, x \in X : f(x) > 0,$$

und analog definieren wir $f \geq 0, f < 0, f \leq 0$.

Es sei $f: \mathbb{R} \supset (a, b) \to \mathbb{R}$ differenzierbar. Dann gilt: **Satz VII.23**

(i) $f' > 0 \implies f$ auf (a, b) streng monoton wachsend.
   $f' < 0 \implies f$ auf (a, b) streng monoton fallend.

(ii) $f' \geq 0 \iff f$ auf (a, b) monoton wachsend.
   $f' \leq 0 \iff f$ auf (a, b) monoton fallend.

Lässt sich f stetig auf $[a, b]$ fortsetzen, so gelten alle Aussagen rechts auf $[a, b]$.

Beweis. „$\Longrightarrow$" in (i) und (ii): Nach dem Mittelwertsatz (Satz VII.19) gibt es für beliebige $x_1, x_2 \in (a, b), x_1 < x_2$, ein $\xi \in (x_1, x_2)$ mit

$$f(x_2) - f(x_1) = f'(\xi) \underbrace{(x_2 - x_1)}_{> 0}.$$

Daraus ergeben sich alle Behauptungen; z.B. folgt aus $f' > 0$, dass $f'(\xi) > 0$ und damit $f(x_2) > f(x_1)$, also ist f streng monoton wachsend.

„$\Longleftarrow$" in (ii): Aus der Definition der Ableitung folgt für beliebiges $x_0 \in (a, b)$:

$$f'(x_0) = \lim_{x \searrow x_0} \frac{f(x) - f(x_0)}{\underbrace{x - x_0}_{> 0}}. \tag{24.2}$$

Daraus ergeben sich alle Behauptungen; z.B. folgt aus f monoton wachsend, dass $f(x) - f(x_0) \geq 0$, also $f'(x_0) \geq 0$. $\qquad\square$

Bemerkung. In (i) gelten die Rückrichtungen nicht. Auch wenn f streng monoton wachsend ist und daher $f(x) - f(x_0) > 0$ in (24.2) gilt, folgt im Limes nur $f'(x_0) \geq 0$; z.B. ist $f(x) = x^3, x \in \mathbb{R}$, streng monoton wachsend, aber $f'(0) = 0$.

Kriterien für lokale Extrema. Es seien $f: \mathbb{R} \supset (a, b) \to \mathbb{R}$ differenzierbar und **Satz VII.24** $x_0 \in (a, b)$ mit $f'(x_0) = 0$. Dann gilt:

(i) f hat in x_0 ein lokales Minimum, falls $\alpha, \beta \in \mathbb{R}, \ \alpha < x_0 < \beta$ existieren mit

$$f'(x) \leq 0, \ x \in (\alpha, x_0) \quad \wedge \quad f'(x) \geq 0, \ x \in (x_0, \beta),$$

und ein lokales Maximum, falls

$$f'(x) \geq 0, \ x \in (\alpha, x_0) \quad \wedge \quad f'(x) \leq 0, \ x \in (x_0, \beta);$$

(ii) *ist f zweimal stetig differenzierbar in (a, b), so hat f in x_0 ein*

$$\begin{cases} \text{lokales Minimum, wenn } f''(x_0) > 0, \\ \text{lokales Maximum, wenn } f''(x_0) < 0. \end{cases}$$

Beweis. (i) Die Behauptungen folgen direkt aus der Charakterisierung der Monotonie mit Hilfe der Ableitung in Satz VII.23.

(ii) Es sei etwa $f''(x_0) > 0$ (sonst betrachte $-f$). Dann existieren nach Korollar VI.38 (ii), da f'' stetig in (a, b) vorausgesetzt ist, $\alpha, \beta \in \mathbb{R}$, $\alpha < x_0 < \beta$ mit

$$f''(x) > 0, \quad x \in (\alpha, \beta),$$

d.h., f' ist nach Satz VII.23 streng monoton wachsend auf (α, β). Da $f'(x_0) = 0$, folgt $f'(x) \leq 0, x \in (\alpha, x_0)$, und $f'(x) \geq 0, x \in (x_0, \beta)$. Also sind die Voraussetzungen aus dem ersten Fall in (i) erfüllt, und die Behauptung folgt daraus. $\qquad\square$

Definition VII.25   Eine Funktion $f: \mathbb{R} \subset I \to \mathbb{R}$ heißt *konvex* auf einem Intervall I

$$:\Longleftrightarrow \forall x_1, x_2 \in I \; \forall \lambda \in (0, 1): f(\underbrace{\lambda x_1 + (1 - \lambda)x_2}_{\substack{\in (x_1, x_2) \\ \text{bzw.}(x_2, x_1)}}) \leq \underbrace{\lambda f(x_1) + (1 - \lambda)f(x_2)}_{\substack{\in (f(x_1), f(x_2)) \\ \text{bzw.}(f(x_2), f(x_1))}}$$

und *konkav*, wenn $-f$ konvex ist.

Die Konvexität einer Funktion kann man mit der zweiten Ableitung prüfen:

Satz VII.26   *Ist $I \subset \mathbb{R}$ ein offenes Intervall und $f: I \to \mathbb{R}$ zweimal differenzierbar, so gilt*

$$f \text{ konvex} \iff f'' \geq 0.$$

Beweis. „$\Longleftarrow$": Weil $f'' \geq 0$, ist f' monoton wachsend auf I (Satz VII.23). Es seien nun $x_1, x_2 \in I$ beliebig, ohne Einschränkung $x_1 < x_2$, und $\lambda \in (0, 1)$. Dann ist $x := \lambda x_1 + (1 - \lambda)x_2 \in (x_1, x_2)$. Nach dem Mittelwertsatz (Satz VII.19) gibt es $\xi_1 \in (x_1, x)$, $\xi_2 \in (x, x_2)$ mit

$$\frac{f(x) - f(x_1)}{x - x_1} = f'(\xi_1) \leq f'(\xi_2) = \frac{f(x_2) - f(x)}{x_2 - x}, \tag{24.3}$$

wobei wir die Monotonie von f' benutzt haben. Mit

$$\begin{aligned} x - x_1 &= \lambda x_1 + (1 - \lambda)x_2 - x_1 = (1 - \lambda)(x_2 - x_1), \\ x_2 - x &= x_2 - \lambda x_1 - (1 - \lambda)x_2 = \lambda(x_2 - x_1) \end{aligned} \tag{24.4}$$

und $x_2 - x_1 > 0$ folgt aus (24.3)

$$\frac{f(x) - f(x_1)}{1 - \lambda} \leq \frac{f(x_2) - f(x)}{\lambda}.$$

Da $\lambda, 1 - \lambda > 0$ sind, ergibt sich schließlich $f(x) \leq \lambda f(x_1) + (1 - \lambda)f(x_2)$.

„$\Longrightarrow$": Es seien $x_1, x_2 \in I, x_1 < x_2$, und $x \in (x_1, x_2)$ beliebig. Dann existiert $\lambda \in (0, 1)$ mit $x = \lambda x_1 + (1 - \lambda)x_2$ (siehe oben). Da f konvex ist, gilt

$$0 \le \lambda f(x_1) + (1 - \lambda)f(x_2) - f(x).$$

Multiplizieren wir mit $x_2 - x_1$ (> 0) und beachten (24.4), so folgt

$$0 \le \underbrace{\lambda(x_2 - x_1)}_{=x_2-x} f(x_1) + \underbrace{(1 - \lambda)(x_2 - x_1)}_{=x-x_1} f(x_2) - \underbrace{(x_2 - x_1)}_{=x_2-x+x-x_1} f(x)$$

$$= \underbrace{(x_2 - x)}_{>0} \big(f(x_1) - f(x)\big) + \underbrace{(x - x_1)}_{>0} \big(f(x_2) - f(x)\big).$$

Also ergibt sich für beliebiges $x \in (x_1, x_2)$:

$$\frac{f(x) - f(x_1)}{x - x_1} \le \frac{f(x_2) - f(x)}{x_2 - x}.$$

Da f differenzierbar und damit auch stetig auf I ist, folgt damit

$$f'(x_1) = \lim_{x \searrow x_1} \frac{f(x) - f(x_1)}{x - x_1} \le \lim_{x \searrow x_1} \frac{f(x_2) - f(x)}{x_2 - x} = \frac{f(x_2) - f(x_1)}{x_2 - x_1},$$

$$f'(x_2) = \lim_{x \nearrow x_2} \frac{f(x_2) - f(x)}{x_2 - x} \ge \lim_{x \nearrow x_2} \frac{f(x) - f(x_1)}{x - x_1} = \frac{f(x_2) - f(x_1)}{x_2 - x_1},$$

also $f'(x_1) \le f'(x_2)$. Folglich ist f' monoton wachsend. Da f zweimal differenzierbar ist, folgt $f'' \ge 0$ (Satz VII.23 für f'). $\square$

– $\exp\colon \mathbb{R} \to \mathbb{R}$ ist konvex, denn $\exp'' = \exp > 0$.

– $\ln\colon \mathbb{R}_+ \to \mathbb{R}$ ist konkav, denn $\ln''(x) = \left(\frac{1}{x}\right)' = -\frac{1}{x^2} < 0, x \in (0, \infty)$.

Beispiele

Die Konkavität des Logarithmus liefert einige fundamentale Ungleichungen:

Youngsche[1] Ungleichung. *Sind $p, q \in (1, \infty)$ mit $\frac{1}{p} + \frac{1}{q} = 1$, so gilt:*

$$\xi \cdot \eta \le \frac{1}{p} \cdot \xi^p + \frac{1}{q} \cdot \eta^q, \quad \xi, \eta \ge 0.$$

Satz VII.27

Beweis. Ist $\xi \cdot \eta = 0$, ist nichts zu zeigen. Also sei $\xi \cdot \eta > 0$. Da $\ln$ konkav ist, folgt mit $\lambda = \frac{1}{p}, 1 - \lambda = 1 - \frac{1}{p} = \frac{1}{q}$, der Funktionalgleichung für $\ln$ (Satz VI.44) und der Definition der Potenzen mit reellen Exponenten (Kapitel VI, (22.1)), z.B. $\xi^p = \exp(p \ln(\xi))$:

$$\ln\left(\frac{1}{p}\xi^p + \frac{1}{q}\eta^q\right) \ge \frac{1}{p}\ln(\xi^p) + \frac{1}{q}\ln(\eta^q) = \ln(\xi) + \ln(\eta).$$

Wendet man darauf die (streng) monoton wachsende Funktion $\exp$ an, ergibt sich:

$$\frac{1}{p}\xi^p + \frac{1}{q}\eta^q \ge \exp\big(\ln(\xi) + \ln(\eta)\big) = \exp(\ln(\xi)) \cdot \exp(\ln(\eta)) = \xi \cdot \eta. \quad \square$$

---

[1]WILLIAM HENRY YOUNG, ∗ 20. Oktober 1863 in London, 7. Juli 1942 in Lausanne, englischer Mathematiker, der vor allem orthogonale Reihen und Integrationstheorie studierte.

Satz VII.28   **Höldersche[2] Ungleichung.**   *Es seien $K = \mathbb{R}$ oder $\mathbb{C}$, $p, q \in (1, \infty)$ mit $\frac{1}{p} + \frac{1}{q} = 1$.*
Für $x = (x_i)_{i=1}^n \in K^n$ definiere

$$\|x\|_p := \left(\sum_{i=1}^n |x_i|^p \right)^{\frac{1}{p}}.$$

Dann gilt für $x = (x_i)_{i=1}^n$, $y = (y_i)_{i=1}^n \in K^n$:

$$\sum_{i=1}^n |x_i y_i| \le \|x\|_p \cdot \|y\|_q.$$

Beweis. Ist $x = 0$ oder $y = 0$, ist nichts zu zeigen. Sind $x, y \neq 0$, so liefert die Youngsche Ungleichung (Satz VII.27) mit

$$\xi = \frac{|x_i|}{\|x\|_p}, \quad \eta = \frac{|y_i|}{\|y\|_q}$$

für $i = 1, 2, \ldots, n$ sofort

$$\frac{|x_i|\,|y_i|}{\|x\|_p\,\|y\|_q} \le \frac{1}{p} \frac{|x_i|^p}{\|x\|_p^p} + \frac{1}{q} \frac{|y_i|^q}{\|y\|_q^q}.$$

Summiert man über $i = 1, 2, \ldots, n$, so ergibt sich nach der Definition von $\|\cdot\|_p$:

$$\frac{1}{\|x\|_p\,\|y\|_q} \sum_{i=1}^n |x_i y_i| \le \frac{1}{p} \frac{1}{\|x\|_p^p} \sum_{i=1}^n |x_i|^p + \frac{1}{q} \frac{1}{\|y\|_q^q} \sum_{i=1}^n |y_i|^q = \frac{1}{p} + \frac{1}{q} = 1. \quad \square$$

Sind $p, q \in (1, \infty)$ mit $\frac{1}{p} + \frac{1}{q} = 1$, so ist $q = \frac{p}{p-1}$ und heißt *zu p konjugierter Exponent* zu p, auch oft mit p' bezeichnet. Ein Spezialfall ist das Paar $p = 2$ und $q = 2$.

     In diesem Fall wird die Höldersche Ungleichung zu einer Ungleichung, die Sie vielleicht schon aus der Linearen Algebra kennen:

Korollar VII.29   **Cauchy-Bunyakovsky[3]-Schwarzsche[4] Ungleichung.**   *Es sei $K = \mathbb{R}$ oder $\mathbb{C}$. Bezeichnet für $x = (x_i)_{i=1}^n, y = (y_i)_{i=1}^n \in K^n$*

$$\langle x, y \rangle := \sum_{i=1}^n x_i \cdot \overline{y_i}$$

das euklidische Skalarprodukt in K^n, so gilt:

$$|\langle x, y \rangle| \le \|x\|_2 \|y\|_2.$$

---

[2]OTTO LUDWIG HÖLDER, ∗ 22. Dezember 1859 in Stuttgart, 29. August 1937 in Leipzig, deutscher Mathematiker, der über Fourierreihen und Gruppen arbeitete.
   [3]VICTOR YAKOVLEVICH BUNYAKOVSKY, ∗ 16. Dezember 1804 in Bar, Ukraine, 12. Dezember 1889 in St. Petersburg, Russland, Schüler von Cauchy, arbeitete in Zahlentheorie und Geometrie und entdeckte die – oft nicht nach ihm benannte – Ungleichung 1859, 25 Jahre vor Schwarz.
   [4]HERMANN AMANDUS SCHWARZ, ∗ 25. Januar 1843 in Hermsdorf, jetzt Polen, 30. November 1921 in Berlin, deutscher Mathematiker, Schüler von Weierstraß, arbeitete über konforme Abbildungen und Minimalflächen.

Minkowskische[5] Ungleichung. *Es seien $K = \mathbb{R}$ oder $\mathbb{C}$ und $p \in (1, \infty)$. Dann gilt für $x, y \in K^n$:*

$$\|x + y\|_p \leq \|x\|_p + \|y\|_p.$$

Satz VII.30

Beweis. Ist $x + y = 0$, so ist nichts zu zeigen. Es sei nun $x + y \neq 0$. Mit Hilfe der Dreiecksungleichung für den Betrag in K und der Hölderschen Ungleichung (Satz VII.28), angewendet auf x und $x + y$ sowie y und $x + y$, folgt mit $q = \frac{p}{p-1}$:

$$\|x + y\|_p^p = \sum_{i=1}^{n} |x_i + y_i| \cdot |x_i + y_i|^{p-1} \leq \sum_{i=1}^{n} |x_i| \, |x_i + y_i|^{p-1} + \sum_{i=1}^{n} |y_i| \, |x_i + y_i|^{p-1}$$

$$\leq \|x\|_p \Big(\sum_{i=1}^{n} |x_i + y_i|^{\overbrace{(p-1)q}^{=p}} \Big)^{\frac{1}{q}} + \|y\|_p \Big(\sum_{i=1}^{n} |x_i + y_i|^{\overbrace{(p-1)q}^{=p}} \Big)^{\frac{1}{q}}$$

$$= \big(\|x\|_p + \|y\|_p \big) \, \|x + y\|_p^{\frac{p}{q}}.$$

Wegen $p - \frac{p}{q} = 1$ folgt nach Division durch $\|x + y\|_p^{\frac{p}{q}}$ ($\neq 0$) die Behauptung. $\qquad\square$

Die Minkowskische Ungleichung zeigt, dass für $\| \cdot \|_p$ die Dreiecksungleichung gilt:

Für $p \in (1, \infty)$ definiert $\| \cdot \|_p : K^n \to [0, \infty)$ eine Norm auf K^n.

Korollar VII.31

Eine Verallgemeinerung des Mittelwertsatzes ist der folgende Satz, den wir verwenden, um im Folgenden die Regeln von L'Hôpital[6] zur Grenzwertberechnung zu beweisen.

Verallgemeinerter Mittelwertsatz. *Sind $f, g : \mathbb{R} \supset [a, b] \to \mathbb{R}$ stetig in $[a, b]$, differenzierbar in (a, b) und $g'(x) \neq 0$, $x \in (a, b)$, so gibt es $\xi \in (a, b)$ mit*

$$\frac{f'(\xi)}{g'(\xi)} = \frac{f(b) - f(a)}{g(b) - g(a)}.$$

Satz VII.32

Bemerkung. – Im Spezialfall $g(x) = x$, $x \in [a, b]$, erhält man wieder den Mittelwertsatz (Satz VII.19).

– Der verallgemeinerte Mittelwertsatz folgt *nicht* durch „Quotientenbildung" aus dem Mittelwertsatz; dieser liefert nur die Existenz von $\xi_1, \xi_2 \in (a, b)$ mit

$$\frac{f'(\xi_1)}{g'(\xi_2)} = \frac{f(b) - f(a)}{g(b) - g(a)}.$$

---

[5] HERMANN MINKOWSKI, ∗ 22. Juni 1864 in Aleksotas, Litauen, 12. Januar 1909 in Göttingen, legte durch ein neues Raum-Zeit-Konzept die mathematische Basis der Relativitätstheorie.

[6] GUILLAUME FRANÇOIS ANTOINE MARQUIS DE L'HÔPITAL, ∗ 1661, 2. Februar 1704 in Paris, französischer Mathematiker, der zuerst Hauptmann der Kavallerie war, und später das erste Lehrbuch in Analysis nach den Aufzeichnungen von Johann Bernoulli schrieb.

Beweis. Es ist $g(b) \neq g(a)$, sonst gäbe es nach dem Satz von Rolle ein $\eta \in (a, b)$ mit $g'(\eta) = 0$. Analog wie im Beweis des Mittelwertsatzes definiere eine Funktion

$$h(x) := f(x) - \frac{f(b) - f(a)}{g(b) - g(a)}\big(g(x) - g(a)\big), \quad x \in [a, b],$$

die die Voraussetzungen des Satzes VII.18 von Rolle erfüllt. Also gibt es $\xi \in (a, b)$ mit

$$0 = h'(\xi) = f'(\xi) - \frac{f(b) - f(a)}{g(b) - g(a)}\underbrace{g'(\xi)}_{\neq 0}. \qquad \square$$

Satz VII.33   **L'Hôpitalsche Regeln.**   *Es seien $f, g \colon \mathbb{R} \supset (a, b) \to \mathbb{R}$ differenzierbar in (a, b), $g(x) \neq 0$, $x \in (a, b)$, so dass eine der Bedingungen*

   (i) $f(x) \to 0$, $g(x) \to 0$ *für* $x \searrow a$,

   (ii) $f(x) \to \infty$, $g(x) \to \infty$ *für* $x \searrow a$,

gilt. Existiert dann der Grenzwert $\lim_{x \searrow a} \frac{f'(x)}{g'(x)}$, so existiert auch $\lim_{x \searrow a} \frac{f(x)}{g(x)}$ und

$$\lim_{x \searrow a} \frac{f(x)}{g(x)} = \lim_{x \searrow a} \frac{f'(x)}{g'(x)}.$$

Analoge Aussagen gelten für $x \nearrow b$ oder $x \to \pm\infty$.

Beweis. Gilt (i), so sind f und g in $x = a$ stetig fortsetzbar durch 0; wir bezeichnen diese Fortsetzungen wieder mit f und g. Nach dem verallgemeinerten Mittelwertsatz (Satz VII.32) existiert für jedes $x \in (a, b)$ ein $\xi \in (a, x)$ mit

$$\frac{f'(\xi)}{g'(\xi)} = \frac{f(x) - f(a)}{g(x) - g(a)} = \frac{f(x)}{g(x)}.$$

Da $x \searrow a$ auch $\xi \searrow a$ impliziert, folgt daraus die Behauptung.

    Gilt (ii) und setzt man $\gamma := \lim_{x \searrow a} \frac{f'(x)}{g'(x)}$, so gibt es zu beliebigem $\varepsilon > 0$ ein $\delta > 0$ mit

$$\forall \xi \in (a, a + \delta): \left| \frac{f'(\xi)}{g'(\xi)} - \gamma \right| < \frac{\varepsilon}{2}.$$

Wieder mit dem verallgemeinerten Mittelwertsatz (Satz VII.32) folgt daraus

$$\forall x, y \in (a, a + \delta): \left| \frac{f(x) - f(y)}{g(x) - g(y)} - \gamma \right| < \frac{\varepsilon}{2}. \tag{24.5}$$

Für festes $y \in (a, a + \delta)$ gilt wegen Voraussetzung (ii)

$$\frac{f(x)}{g(x)} = \frac{f(x) - f(y)}{g(x) - g(y)} \cdot \overset{\to 1,\, x \to a}{\overbrace{\frac{g(x) - g(y)}{f(x) - f(y)} \cdot \frac{f(x)}{g(x)}}} = \frac{f(x) - f(y)}{g(x) - g(y)} \cdot \underbrace{\frac{1 - \frac{g(y)}{g(x)}}{1 - \frac{f(y)}{f(x)}}}_{\to 1,\, x \to a},$$

also existiert ein $\delta_0 > 0$ mit

$$\forall x \in (a, a + \delta_0): \left| \frac{f(x)}{g(x)} - \frac{f(x) - f(y)}{g(x) - g(y)} \right| < \frac{\varepsilon}{2}. \tag{24.6}$$

Insgesamt folgt aus (24.5), (24.6) und der Dreiecksungleichung schließlich

$$\forall x \in (a, a + \min\{\delta, \delta_0\}): \left| \frac{f(x)}{g(x)} - \gamma \right| < \varepsilon. \qquad \square$$

- $\lim\limits_{x\searrow 0} x^n \ln(x) = 0$, $n \in \mathbb{N}$:

Denn mit $f(x) = \ln(x)$, $g(x) = x^{-n}$, $x \in (0, \infty)$, gilt (ii) in Satz VII.33 und

$$\lim_{x\searrow 0} \frac{f'(x)}{g'(x)} = \lim_{x\searrow 0} \frac{\frac{1}{x}}{-nx^{-n-1}} = \lim_{x\searrow 0} \left(-\frac{1}{n}x^n\right) = 0;$$

die umgekehrte Wahl $f(x) = x^n$, $g(x) = (\ln(x))^{-1}$, $x \in (0, \infty)$, ist sinnlos!

- $\lim\limits_{x\to\infty} \dfrac{\ln(x)}{\sqrt[n]{x}} = \lim\limits_{x\to\infty} \dfrac{\frac{1}{x}}{\frac{1}{n}x^{\frac{1}{n}-1}} = \lim\limits_{x\to\infty} \dfrac{n}{x^{\frac{1}{n}}} = 0$, $n \in \mathbb{N}$:

Der Logarithmus wächst also langsamer gegen ∞ als jede Wurzel!

- $\lim\limits_{x\to\infty} \dfrac{\exp(x)}{x^n} = \infty$, $n \in \mathbb{N}$:

Die Exponentialfunktion wächst also schneller gegen ∞ als jede Potenz!

Denn n-malige Anwendung der L'Hôpitalschen Regel liefert:

$$\lim_{x\to\infty} \frac{\exp(x)}{x^n} = \lim_{x\to\infty} \frac{\exp(x)}{nx^{n-1}} = \cdots = \lim_{x\to\infty} \frac{\exp(x)}{n!} = \infty.$$

- $\lim\limits_{x\searrow 0} \left(\dfrac{1}{\sin(x)} - \dfrac{1}{x}\right) = 0$:

Für $f(x) = x - \sin(x)$, $g(x) = x\sin(x)$, $x \in (0, \infty)$, gilt

$$f'(x) = 1 - \cos(x) \xrightarrow{x\searrow 0} 0, \qquad g'(x) = \sin(x) + x\cos(x) \xrightarrow{x\searrow 0} 0,$$

$$f''(x) = \sin(x) \xrightarrow{x\searrow 0} 0, \qquad g''(x) = 2\cos(x) - x\sin(x) \xrightarrow{x\searrow 0} 2.$$

Also folgt nach zweimaliger Anwendung der L'Hôpitalschen Regel:

$$0 = \lim_{x\searrow 0} \frac{f''(x)}{g''(x)} = \lim_{x\searrow 0} \frac{f'(x)}{g'(x)} = \lim_{x\searrow 0} \frac{f(x)}{g(x)} = \lim_{x\searrow 0} \left(\frac{1}{\sin(x)} - \frac{1}{x}\right).$$

Übungsaufgaben

VII.1. Für $a \in (0, \infty)$ fest definiere die Funktion

$$p_a : \mathbb{R} \to \mathbb{R}, \quad p_a(x) := \exp(x\ln(a)).$$

a) Zeige, dass $p_a(q) = a^q$ für jedes $q \in \mathbb{Q}$ (beachte $a^{\frac{r}{s}} := (a^r)^{\frac{1}{s}}$ für $r, s \in \mathbb{N}$).

b) Untersuche p_a auf Differenzierbarkeit und bestimme allenfalls die Ableitung.

VII.2. Untersuche, wo folgende Funktionen differenzierbar sind, und bestimme dort ihre Ableitung:

a) $f(x) = \sqrt{x}$, $x \in [0, \infty)$;   b) $f(x) = |x|^3$, $x \in \mathbb{R}$;

c) $f(x) = (1 + 2^x)^n$, $x \in \mathbb{R}$, $n \in \mathbb{N}$;   d) $f(x) = \ln(|\ln(x)|)$, $x \in (0, \infty)$;

e) $f(x) = x^x$, $x \in [0, \infty)$;   f) $f(x) = \arctan(x)$, $x \in \mathbb{R}$.

VII.3. Beweise, dass die folgende Funktion beliebig oft differenzierbar ist:

$$f \colon \mathbb{R} \to \mathbb{R}, \quad f(x) = \begin{cases} \exp\left(-\frac{1}{|x|}\right), & x \neq 0, \\ 0, & x = 0. \end{cases}$$

Zeige, dass $f^{(n)}(x) = \frac{p_{n-1}(x)}{x^{2n}} \exp\left(-\frac{1}{x}\right)$ für $x > 0$ mit einem Polynom p_{n-1} vom Grad $n - 1$ und dass $f^{(n)}(0) = 0$ für alle $n \in \mathbb{N}_0$.

VII.4. Wo liegt der Fehler in der folgenden Rechnung:

$$\lim_{x \to 0} \frac{x^5}{\sin(x) - x} = \lim_{x \to 0} \frac{5x^4}{\cos(x) - 1} = \cdots = \lim_{x \to 0} \frac{f^{(5)}(x)}{g^{(5)}(x)} = \frac{5!}{\cos(0)} = 120\,?$$

Was ist das richtige Ergebnis?

VIII Integralrechnung in $\mathbb{R}$

Die Integration ist der inverse Prozess zur Differentiation. Es gibt verschiedene Integralbegriffe. Der elementarste für Funktionen einer reellen Variablen geht auf Bernhard Riemann[1] zurück. Ein allgemeinerer Integralbegriff wird später etwa für die Wahrscheinlichkeitstheorie benötigt (siehe z.B. [8]).

Problem: Ist $f: [a, b] \to \mathbb{R}, f \geq 0$, eine Funktion, wie bestimmt man die Fläche A_f unter dem Graphen von f?

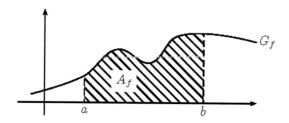

Abb. 25.1: Geometrische Veranschaulichung des Integrals von a bis b über f

In sehr speziellen Fällen ist dies leicht:

$$f \text{ konstant, } f \equiv c \implies A_f := c\,(b - a),$$

$$f \text{ stückweise konstant} \implies A_f := \sum_{i=1}^{n} A_{f_i} \text{ mit } f_i \text{ konstant.}$$

Wie definiert man A_f allgemein, und für welche Funktionenklassen ist dies möglich? Im Folgenden seien immer $a, b \in \mathbb{R}$ mit $a < b$ und $K = \mathbb{R}$ (später auch $\mathbb{C}$).

■ 25
Das Riemann-Integral

Das Riemann-Integral erhält man in einem Grenzübergang, bei dem man das Intervall $[a, b]$ in immer kleinere Teilintervalle teilt und die Funktion f durch stückweise konstante Funktionen approximiert.

---

[1]BERNHARD RIEMANN, * 17. September 1826 in Breselenz (Niedersachsen), 20. Juli 1866 in Selasca (Italien), deutscher Mathematiker, wirkte bahnbrechend auf vielen Gebieten der Analysis, Differentialgeometrie, mathematischen Physik und analytischen Zahlentheorie. Die nach ihm benannte Riemannsche Vermutung ist eines der größten ungelösten Probleme der Mathematik (siehe Beispiel VIII.31).

Definition VIII.1

(i) Eine Menge von Punkten $P = \{x_0, x_1, \ldots, x_n\} \subset [a, b]$ mit $n \in \mathbb{N}$ heißt *Partition von $[a, b]$*

$$:\Longleftrightarrow\quad a = x_0 < x_1 < x_2 < \cdots < x_n = b.$$

(ii) Sind P, P' Partitionen von (a, b) mit $P \subset P'$, so heißt P' *Verfeinerung von P*.

Für jede Partition $P = \{x_0, x_1, \ldots, x_n\} \subset [a, b]$ gilt offenbar $\sum_{i=1}^{n}(x_i - x_{i-1}) = b - a$.

Definition VIII.2

Eine Funktion $\varphi\, [a, b] \to \mathbb{R}$ heißt *Treppenfunktion*, wenn es eine Partition $P = \{x_0, x_1, \ldots, x_n\} \subset [a, b]$ und Konstanten $c_1, c_2 \ldots, c_n \in \mathbb{R}$ gibt mit

$$\varphi(x) = c_i, \quad x \in (x_{i-1}, x_i), \quad i = 1, \ldots, n.$$

Wir schreiben dann zur Abkürzung $\varphi = \begin{pmatrix} x_0 & x_1 & \ldots\ldots & x_n \\ & c_1 & c_2 & \ldots & c_n \end{pmatrix}$.

Bemerkung. Die Werte einer Treppenfunktion in den Punkten x_i werden bewusst nicht festgelegt. Die Menge $T[a, b]$ aller Treppenfunktionen bildet einen Vektorraum über $\mathbb{R}$ mit der für Funktionen üblichen Addition und Skalarmultiplikation.

Definition VIII.3

Es seien $P = \{x_0, x_1, \ldots, x_n\} \subset [a, b]$ eine Partition des Intervalls $[a, b]$ und $f\colon [a, b] \to \mathbb{R}$ eine beschränkte Funktion. Wir setzen

$$m_i := \inf\{f(x)\colon x \in (x_{i-1}, x_i)\}, \quad i = 1, \ldots, n,$$
$$M_i := \sup\{f(x)\colon x \in (x_{i-1}, x_i)\}, \quad i = 1, \ldots, n,$$

und definieren die *Unter-* bzw. *Obersummen* von f zur Partition P als

$$s(P, f) := \sum_{i=1}^{n} m_i(x_i - x_{i-1}),$$

$$S(P, f) := \sum_{i=1}^{n} M_i(x_i - x_{i-1}).$$

Damit definiert man das *Unter-* bzw. *Oberintegral* von f über $[a, b]$ als

$$\int_{*a}^{b} f(x)\,dx := \sup\{s(P, f)\colon P \text{ Partition von } [a, b]\},$$

$$\int_{a}^{*b} f(x)\,dx := \inf\{S(P, f)\colon P \text{ Partition von } [a, b]\}.$$

Bemerkung VIII.4

Ist $m \le f \le M$ mit $m, M \in \mathbb{R}$, so gilt

$$m(b - a) \underset{\substack{\uparrow \\ m \le m_i}}{\le} s(P, f) \underset{\substack{\uparrow \\ m_i \le M_i}}{\le} S(P, f) \underset{\substack{\uparrow \\ M_i \le M}}{\le} M(b - a)$$

und damit

$$-\infty < m(b - a) \le \int_{*a}^{b} f(x)\,dx, \qquad \int_{a}^{*b} f(x)\,dx \le M(b - a) < \infty.$$

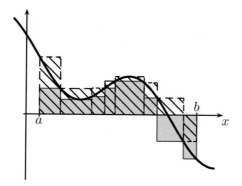

Abb. 25.2: Ober- und Untersumme einer Funktion

Um auch eine Ungleichung zwischen Ober- und Unterintegral zu erhalten, genügt die Abschätzung in Bemerkung VIII.4 für eine feste Partition P noch nicht:

Es sei $f : [a, b] \to \mathbb{R}$ beschränkt. Dann gilt   Lemma VIII.5

(i) $s(P, f) \leq s(P', f) \leq S(P', f) \leq S(P, f)$ *für Partitionen $P \subset P'$ von $[a, b]$;*

(ii) $\displaystyle\int_{*a}^{b} f(x)\,dx \leq \int_{a}^{*b} f(x)\,dx.$

Beweis. (i) Die mittlere Abschätzung ist klar nach Bemerkung VIII.4. Falls $P = P'$, so sind auch die anderen beiden Abschätzungen klar. Für $P \subsetneq P'$ zeigen wir die Abschätzung für die Untersummen; für die Obersummen ist der Beweis analog.

<u>1. Fall:</u> $P' \setminus P = \{x'\}$. Dann gibt es ein $j_0 \in \{1, \ldots, n\}$ mit $x_{j_0-1} < x' < x_{j_0}$. Setze

$$m'_{j_0} := \inf\{f(x) : x \in (x_{j_0-1}, x')\} \geq m_{j_0},$$
$$m''_{j_0} := \inf\{f(x) : x \in (x', x_{j_0})\} \geq m_{j_0}.$$

Damit folgt:

$$s(P', f) - s(P, f) = m'_{j_0}(x' - x_{j_0-1}) + m''_{j_0}(x_{j_0} - x') - m_{j_0}(x_{j_0} - x_{j_0-1})$$
$$= \underbrace{(m'_{j_0} - m_{j_0})}_{\geq 0}\,\underbrace{(x' - x_{j_0-1})}_{> 0} + \underbrace{(m''_{j_0} - m_{j_0})}_{\geq 0}\,\underbrace{(x_{j_0} - x')}_{> 0} \geq 0.$$

<u>2. Fall:</u> $P' \setminus P = \{x'_1, \ldots x'_k\}, k \in \mathbb{N}$: Die Behauptung folgt induktiv aus dem 1. Fall.

(ii) Sind P_1, P_2 beliebige Partitionen von $[a, b]$, so folgt nach (i):

$$s(P_1, f) \overset{P_1 \subset P_1 \cup P_2}{\leq} s(P_1 \cup P_2, f) \leq S(P_1 \cup P_2, f) \overset{P_1 \subset P_1 \cup P_2}{\leq} S(P_2, f).$$

Die Behauptung folgt, indem man auf der linken Seite das Supremum über alle P_1 und auf der rechten Seite das Infimum über alle P_2 bildet. $\square$

Definition VIII.6

Riemann-Integral reellwertiger Funktionen.   Eine beschränkte Funktion $f\colon [a, b] \to \mathbb{R}$ heißt *Riemann-integrierbar*, wenn ihr Unter- und Oberintegral übereinstimmen:

$$\int_{*a}^{b} f(x)\,\mathrm{d}x \;=\; \int_{a}^{*b} f(x)\,\mathrm{d}x \;=:\; \int_{a}^{b} f(x)\,\mathrm{d}x;$$

dieser gemeinsame Wert heißt *Riemann-Integral* von f über $[a, b]$.

Beispiele

$-\;\varphi \in T\,[a, b]$, $\varphi = \begin{pmatrix} x_0 & x_1 & \cdots\cdots & x_n \\ & c_1 & c_2 \;\cdots\; c_n \end{pmatrix}$, ist Riemann-integrierbar mit

$$\int_{a}^{b} \varphi(x)\,\mathrm{d}x = \sum_{i=1}^{n} c_i (x_i - x_{i-1});$$

hier ist das Riemann-Integral von φ über $[a, b]$ die Summe der Flächen der Rechtecke unter dem Graphen von φ über der x-Achse *minus* die Summe der Flächen der Rechtecke über dem Graphen von φ unter der x-Achse:

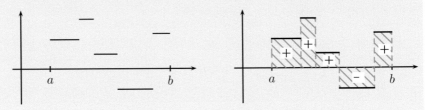

Abb. 25.3: Graph und Riemann-Integral einer Treppenfunktion

$-\;D(x) = \begin{cases} 1, & x \in [a, b] \cap \mathbb{Q}, \\ 0, & x \in [a, b] \setminus \left([a, b] \cap \mathbb{Q}\right), \end{cases}$ (Dirichlet-Funktion);

D ist beschränkt, aber nicht Riemann-integrierbar, denn es gilt:

$$\int_{*a}^{b} D(x)\,\mathrm{d}x \underset{\underset{m_i=0}{\uparrow}}{=} 0, \qquad \int_{a}^{*b} D(x)\,\mathrm{d}x \underset{\underset{M_i=1}{\uparrow}}{=} (b-a) > 0.$$

Satz VIII.7

Kriterium von Riemann. *Eine beschränkte Funktion $f\colon [a, b] \to \mathbb{R}$ ist Riemann-integrierbar*

$$\iff \forall\,\varepsilon > 0\ \exists\ \text{Partition } P_\varepsilon \subset [a, b]\colon S(P_\varepsilon, f) - s(P_\varepsilon, f) < \varepsilon. \qquad (25.1)$$

Beweis. „$\Longleftarrow$“: Es seien $\varepsilon > 0$ beliebig und P_ε wie in (25.1). Mit Lemma VIII.5 (ii) und der Definition des Ober- und Unterintegrals als Infimum bzw. Supremum folgt

$$0 \;\le\; \int_{a}^{*b} f(x)\,\mathrm{d}x - \int_{*a}^{b} f(x)\,\mathrm{d}x \;\le\; S(P_\varepsilon, f) - s(P_\varepsilon, f) \;<\; \varepsilon.$$

Im Grenzübergang $\varepsilon \to 0$ folgt die Gleichheit von Ober- und Unterintegral.

„$\Longrightarrow$": Ist f Riemann-integrierbar und $\varepsilon > 0$ beliebig, so gibt es nach Definition des Ober- und Unterintegrals Partitionen $P_1, P_2 \subset [a, b]$ mit

$$S(P_1, f) - \int_a^{*b} f(x)\, dx < \frac{\varepsilon}{2}, \qquad \int_{*a}^b f(x)\, dx - s(P_2, f) < \frac{\varepsilon}{2}. \qquad (25.2)$$

Mit Lemma VIII.5 (i), (25.2) und da f Riemann-integrierbar ist, folgt

$$S(P_1 \cup P_2, f) - s(P_1 \cup P_2, f) \leq S(P_1, f) - s(P_2, f)$$
$$< \int_a^{*b} f(x)\, dx + \frac{\varepsilon}{2} - \int_{*a}^b f(x)\, dx + \frac{\varepsilon}{2} = \varepsilon.$$

Also gilt (25.1) mit $P_\varepsilon := P_1 \cup P_2$. $\qquad\qquad\square$

Jede stetige Funktion $f: [a, b] \to \mathbb{R}$ ist Riemann-integrierbar. **Satz VIII.8**

Beweis. Ist $f: [a, b] \to \mathbb{R}$ stetig, so ist f beschränkt auf $[a, b]$ und sogar gleichmäßig stetig nach Satz VI.42. Also existiert zu beliebigem $\varepsilon > 0$ ein $\delta > 0$ mit

$$\forall\, x, y \in [a, b],\ |x - y| < \delta:\ \left|f(x) - f(y)\right| < \frac{\varepsilon}{b - a}. \qquad (25.3)$$

Wähle $n \in \mathbb{N}$ mit $\frac{b-a}{n} < \delta$ und definiere damit

$$x_i := a + i \cdot \frac{b - a}{n}, \quad i = 0, 1, \ldots, n, \qquad P_\varepsilon := \{x_0, x_1, \ldots, x_n\}. \qquad (25.4)$$

Dann gilt $x_i - x_{i-1} = \frac{b-a}{n} < \delta$, $i = 1, \ldots, n$. Da f stetig ist, nimmt f auf jedem Intervall $[x_{i-1}, x_i]$ Minimum m_i und Maximum M_i an. Zusammen mit (25.3) folgt dann

$$S(P_\varepsilon, f) - s(P_\varepsilon, f) = \sum_{i=1}^n \underbrace{(M_i - m_i)}_{<\varepsilon/(b-a)}\underbrace{(x_i - x_{i-1})}_{=(b-a)/n} < \sum_{i=1}^n \frac{\varepsilon}{n} = n \cdot \frac{\varepsilon}{n} = \varepsilon.$$

Nach dem Kriterium von Riemann (Satz VIII.7) ist f Riemann-integrierbar. $\qquad\square$

Jede beschränkte Funktion $f: [a, b] \to \mathbb{R}$, die nur endlich viele Unstetigkeitsstellen hat, ist Riemann-integrierbar. **Korollar VIII.9**

Bemerkung. Tatsächlich darf die Menge der Unstetigkeitsstellen von f noch viel allgemeiner sein (siehe z.B. [8, Satz V.10]), insbesondere abzählbar unendlich!

Jede monotone Funktion $f: [a, b] \to \mathbb{R}$ ist Riemann-integrierbar. **Satz VIII.10**

Beweis. Ohne Einschränkung sei f monoton wachsend (sonst betrachte $-f$); dann ist $f(b) - f(a) \geq 0$. Zu $\varepsilon > 0$ beliebig existiert dann $n \in \mathbb{N}$ so, dass

$$\frac{b - a}{n}(f(b) - f(a)) < \varepsilon.$$

Definiere damit eine Partition P_ε wie in (25.4). Da f monoton wachsend ist, gilt

$$m_i = \inf\{f(x) : x \in (x_{i-1}, x_i)\} \geq f(x_{i-1}),$$
$$M_i = \sup\{f(x) : x \in (x_{i-1}, x_i)\} \leq f(x_i).$$

Damit folgt nach der Wahl von n:

$$S(P_\varepsilon, f) - s(P_\varepsilon, f) = \sum_{i=1}^{n} \underbrace{(M_i - m_i)}_{\leq f(x_i) - f(x_{i-1})} \overbrace{(x_i - x_{i-1})}^{=(b-a)/n} \leq \frac{b-a}{n} \underbrace{\sum_{i=1}^{n} \left(f(x_i) - f(x_{i-1}) \right)}_{=f(x_n)-f(x_0)=f(b)-f(a)} < \varepsilon.$$

Nach dem Kriterium von Riemann (Satz VIII.7) ist f Riemann-integrierbar. $\qquad\square$

Definition VIII.11 **Riemann-Integral komplexwertiger Funktionen.** Eine Funktion $f : [a, b] \to \mathbb{C}$ heißt Riemann-integrierbar, wenn $\mathrm{Re}\,f$ und $\mathrm{Im}\,f$ Riemann-integrierbar sind; dann setzt man

$$\int_a^b f(x)\,\mathrm{d}x := \int_a^b (\mathrm{Re}\,f)(x)\,\mathrm{d}x + \mathrm{i} \int_a^b (\mathrm{Im}\,f)(x)\,\mathrm{d}x.$$

Zum Rechnen mit Integralen gibt es einige wichtige Regeln; dabei sei $K = \mathbb{R}$ oder $\mathbb{C}$.

Proposition VIII.12 *Es sei $f : [a, b] \to K$ beschränkt und $c \in (a, b)$. Dann ist f Riemann-integrierbar auf $[a, b]$ genau dann, wenn die Einschränkungen $f|_{[a,c]}$ und $f|_{[c,b]}$ auf $[a, c]$ bzw. $[c, b]$ Riemann-integrierbar sind; dann gilt:*

$$\int_a^b f(x)\,\mathrm{d}x = \int_a^c f(x)\,\mathrm{d}x + \int_c^b f(x)\,\mathrm{d}x.$$

Proposition VIII.13 *Sind $f, g \colon [a, b] \to K$ Riemann-integrierbar und $\alpha, \beta \in K$, so ist*

(i) *$\alpha f + \beta g$ Riemann-integrierbar und*

$$\int_a^b (\alpha f + \beta g)(x)\,\mathrm{d}x = \alpha \int_a^b f(x)\,\mathrm{d}x + \beta \int_a^b g(x)\,\mathrm{d}x \quad (\text{Linearität}); \quad (25.5)$$

(ii) *$f \cdot g$ Riemann-integrierbar;*

(iii) *falls $K = \mathbb{R}$:* $f(x) \leq g(x),\ x \in [a, b] \implies \int_a^b f(x)\,\mathrm{d}x \leq \int_a^b g(x)\,\mathrm{d}x.$

Beweis (der Propositionen VIII.12, VIII.13). Alle Behauptungen prüft man mit Hilfe der Definition des Riemann-Integrals (Definitionen VIII.6 und VIII.11) oder des Kriteriums von Riemann (Satz VIII.7) nach (Aufgabe VIII.1). $\qquad\square$

Vorsicht: Für $\displaystyle\int_a^b (f \cdot g)(x)\,\mathrm{d}x$ gibt es *keine* Formel!

Verallgemeinerter Mittelwertsatz der Integralrechnung. *Sind $f : (a, b) \to \mathbb{R}$ stetig, $\varphi : [a, b] \to \mathbb{R}$ Riemann-integrierbar und $\varphi \geq 0$, so gibt es ein $\xi \in [a, b]$ mit*

$$\int_a^b f(x)\varphi(x)\,dx = f(\xi) \int_a^b \varphi(x)\,dx.$$

Satz VIII.14

Bemerkung. Der klassische Mittelwertsatz der Integralrechnung ist der Fall $\varphi \equiv 1$:

$$\int_a^b f(x)\,dx = f(\xi)(b-a),$$

d.h., die Fläche zwischen dem Graphen von f und der x-Achse ist gleich der Fläche eines Rechtecks über $[a, b]$ mit Höhe $f(\xi)$!

Zum Beispiel ist für $f(x) = x^2, x \in [-1, 1]$:

$$\xi = \frac{1}{\sqrt{3}} \sim 0.58.$$

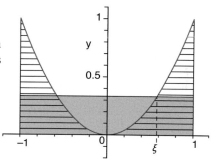

Beweis. Da f stetig ist, ist f Riemann-integrierbar und $f([a, b]) =: [m, M]$ nach Korollar VI.39 zum Zwischenwertsatz. Da $\varphi \geq 0$ nach Voraussetzung, folgt dann $m\,\varphi(x) \leq f(x)\varphi(x) \leq M\varphi(x), x \in [a, b]$. Integriert man über $[a, b]$, ergibt sich daraus nach Proposition VIII.13 (iii):

$$m \int_a^b \varphi(x)\,dx \leq \int_a^b f(x)\varphi(x)\,dx \leq M \int_a^b \varphi(x)\,dx.$$

Folglich existiert ein $\mu \in [m, M]$ mit

$$\int_a^b f(x)\varphi(x)\,dx = \mu \int_a^b \varphi(x)\,dx.$$

Da $[m, M] = f([a, b])$, gibt es dann ein $\xi \in [a, b]$ mit $f(\xi) = \mu$. $\qquad\square$

Sind $f : [a, b] \to \mathbb{R}$ Riemann-integrierbar, $f([a, b]) \subset [m, M]$ und $g : [m, M] \to \mathbb{R}$ stetig, so ist $g \circ f$ Riemann-integrierbar.

Proposition VIII.15

Beweis. Es sei $\varepsilon > 0$ beliebig. Da g stetig auf dem kompakten Intervall $[m, M]$ ist, existiert $K := \max\{|g(y)| : y \in [m, M]\}$, und g ist gleichmäßig stetig auf $[m, M]$. Also gibt es ein $\delta > 0$, ohne Einschränkung $\delta < \frac{\varepsilon}{4K}$, mit

$$\forall y_1, y_2 \in [m, M], |y_1 - y_2| < \delta : |g(y_1) - g(y_2)| < \frac{\varepsilon}{2(b-a)}.$$

Weil f Riemann-integrierbar ist, existiert nach dem Kriterium von Riemann (Satz VIII.7) eine Partition $P_{\delta^2} = \{x_0, x_1, \ldots, x_n\}$ mit

$$S(P_{\delta^2}, f) - s(P_{\delta^2}, f) < \delta^2.$$

Für P_{δ^2} seien m_i, M_i zu f und m_i', M_i' zu $h := g \circ f$ wie in Definition VIII.3. Setze

$$I := \{i \in \{1, 2, \ldots, n\} : M_i - m_i < \delta\}.$$

Da $\delta \leq M_i - m_i$ für $i \notin I$, folgt

$$\sum_{\substack{i=1 \\ i\notin I}}^{n}(x_i - x_{i-1}) \leq \sum_{\substack{i=1 \\ i\notin I}}^{n}\frac{M_i - m_i}{\delta}(x_i - x_{i-1}) \leq \frac{1}{\delta}\sum_{i=1}^{n}(M_i - m_i)(x_i - x_{i-1})$$

$$= \frac{1}{\delta}\left(S(P_{\delta^2}, f) - s(P_{\delta^2}, f)\right) < \delta.$$

Weiter gilt nach Definition der Menge I und von K als Maximum von g auf $[m, M]$:

$$M_i' - m_i' < \frac{\varepsilon}{2(b - a)}, \qquad i \in I,$$

$$M_i' - m_i' \leq |M_i'| + |m_i'| \leq 2K, \quad i \notin I.$$

Insgesamt ist dann wegen $\delta < \frac{\varepsilon}{4K}$

$$S(P_{\delta^2}, h) - s(P_{\delta^2}, h) = \sum_{\substack{i=1 \\ i\in I}}^{n} \overbrace{(M_i' - m_i')}^{< \frac{\varepsilon}{2(b-a)}}(x_i - x_{i-1}) + \sum_{\substack{i=1 \\ i\notin I}}^{n} \overbrace{(M_i' - m_i')}^{\leq 2K}(x_i - x_{i-1})$$

$$< \frac{\varepsilon}{2(b - a)} \underbrace{\sum_{\substack{i=1 \\ i\notin I}}^{n}(x_i - x_{i-1})}_{\leq b-a} + 2K \underbrace{\sum_{\substack{i=1 \\ i\notin I}}^{n}(x_i - x_{i-1})}_{< \delta} < \frac{\varepsilon}{2} + 2K\delta < \varepsilon.$$

Mit $P_\varepsilon := P_{\delta^2}$ liefert das Kriterium von Riemann (Satz VIII.7) die Behauptung. $\square$

Satz VIII.16   *Ist $f : [a, b] \to K$ Riemann-integrierbar, so auch $|f|$, und es gilt:*

$$\left| \int_a^b f(x)\, dx \right| \leq \int_a^b |f(x)|\, dx. \tag{25.6}$$

Beweis. Nach Proposition VIII.13 (ii) und (i) ist $|f|^2 = (\operatorname{Re} f)^2 + (\operatorname{Im} f)^2$ Riemann-integrierbar. Nach Proposition VIII.15 mit $g = \sqrt{\cdot}$ ist $|f|$ Riemann-integrierbar. Um die Ungleichung (25.6) zu zeigen, setzen wir

$$z := \int_a^b f(x)\, dx \in \mathbb{C}.$$

Ist $z = 0$, ist nichts zu zeigen. Ist $z \neq 0$, setze $\alpha := \frac{|z|}{z} \in \mathbb{C}$. Dann ist $|\alpha| = 1$ und $\operatorname{Re}(\alpha f) \leq |\operatorname{Re}(\alpha f)| \leq |\alpha f| = |f|$. Dann folgt nach Proposition VIII.13 (i) und (iii):

$$\left| \int_a^b f(x)\, dx \right| = \alpha \int_a^b f(x)\, dx = \underbrace{\int_a^b \alpha f(x)\, dx}_{\in \mathbb{R}} = \int_a^b \operatorname{Re}(\alpha f(x))\, dx \leq \int_a^b |f(x)|\, dx. \quad \square$$

Damit man nicht immer aufpassen muss, ob die obere Integrationsgrenze größer ist als die untere, trifft man die folgende Konvention. Überlegen Sie sich dabei, dass diese Festlegung für Treppenfunktionen genau das Richtige liefert!

Es sei $f\colon [a, b] \to K$ Riemann-integrierbar. Man definiert **Definition VIII.17**

$$\int_a^a f(x)\,dx := 0, \qquad \int_b^a f(x)\,dx := -\int_a^b f(x)\,dx.$$

■ 26
Integration und Differentiation

Differentiation und Integration haben beide die Eigenschaft der Linearität (Satz VII.6 und Proposition VIII.13). Jetzt wollen wir untersuchen, in welchem Sinn die beiden Operationen zueinander invers sind.

In diesem Abschnitt seien wieder $a, b \in \mathbb{R}$, $a < b$, und $K = \mathbb{R}$ oder $\mathbb{C}$.

Es sei $f\colon [a, b] \to K$ *Riemann-integrierbar. Definiert man* **Satz VIII.18**

$$F_a(x) := \int_a^x f(t)\,dt, \quad x \in [a, b]\,, \tag{26.1}$$

so ist F_a stetig in $[a, b]$; ist f stetig in $x_0 \in [a, b]$, so ist F_a differenzierbar in x_0 mit

$$F_a'(x_0) = f(x_0).$$

Beweis. Als Riemann-integrierbare Funktion ist f beschränkt, also gibt es $M \geq 0$ mit $|f| \leq M$. Dann gilt für $x, y \in [a, b]$, $a \leq y < x \leq b$, nach Satz VIII.16:

$$|F_a(x) - F_a(y)| = \left| \int_y^x f(t)\,dt \right| \leq \int_y^x \underbrace{|f(t)|}_{\leq M}\,dt \leq M \cdot (x - y) = M \cdot |x - y|.$$

Also ist F_a Lipschitz-stetig und damit insbesondere stetig nach Proposition VI.4. Ist f stetig in x_0 und $\varepsilon > 0$ beliebig, so existiert ein $\delta > 0$ mit

$$\forall\, t \in [a, b]\,,\ t \in [x_0, x_0 + \delta]:\ |f(t) - f(x_0)| < \varepsilon.$$

Dann gilt für $x \in [a, b]$, $x \in (x_0, x_0 + \delta)$, nach Satz VIII.16:

$$\left| \frac{F_a(x) - F_a(x_0)}{x - x_0} - f(x_0) \right| = \frac{1}{x - x_0} \left| \int_{x_0}^x \big(f(t) - f(x_0)\big)\,dt \right|$$

$$\leq \frac{1}{x - x_0} \int_{x_0}^x \underbrace{|f(t) - f(x_0)|}_{<\varepsilon}\,dt < \frac{1}{x - x_0}(x - x_0)\varepsilon = \varepsilon,$$

analog für $x \in (x_0 - \delta, x_0)$. Also ist F_a differenzierbar in x_0 mit $F_a'(x_0) = f(x_0)$. $\qquad \square$

Bemerkung. Nach der Konvention in Definition VIII.17 gilt Satz VIII.18 auch für das Integral $G_b(x) := \int_x^b f(t)\,dt$, $x \in [a, b]$, dann mit $G_b'(x_0) = -f(x_0)$.

Definition VIII.19   Es sei $I \subset \mathbb{R}$ ein Intervall und $K = \mathbb{R}$ oder $\mathbb{C}$. Eine differenzierbare Funktion $F: I \to K$ heißt *Stammfunktion* einer Funktion $f: I \to K$

$$:\Longleftrightarrow\quad F' = f;$$

man nennt F auch *unbestimmtes Integral* von f und schreibt $F(x) = \int f(x)\,dx$.

Bemerkung. Ist f stetig, so ist F_a aus (26.1) Stammfunktion von f mit $F_a(a)=0$.

Proposition VIII.20   *Es seien $f: [a, b] \to K$ Riemann-integrierbar, $F: [a, b] \to K$ Stammfunktion von f und $G: [a, b] \to K$. Dann gilt:*

$$G \text{ Stammfunktion von } f \quad\Longleftrightarrow\quad F - G \text{ konstant.}$$

Beweis. „$\Longleftarrow$": Ist $F - G \equiv c$ mit $c \in K$, so ist G differenzierbar und

$$G' = (F - c)' = F' - c' = F' = f.$$

„$\Longrightarrow$": Ist $G' = f$, so ist $(F - G)' = F' - G' = f - f = 0$, also $F - G$ konstant nach Korollar VII.20. $\qquad\square$

Satz VIII.21   **Fundamentalsatz der Differential- und Integralrechnung.**   *Ist $f: [a, b] \to K$ stetig und $F: [a, b] \to K$ eine Stammfunktion von f, so gilt:*

$$\int_a^b f(x)\,dx = F(b) - F(a).$$

Beweis. Es sei F_a die Stammfunktion von f aus (26.1). Nach Proposition VIII.20 gibt es dann $c \in K$ mit $F = F_a + c$ (nämlich $c = F(a)$, da $F_a(a) = 0$). Damit folgt

$$F(b) - F(a) = \big(F_a(b) + c\big) - \big(F_a(a) + c\big) = F_a(b) - \underbrace{F_a(a)}_{=0} = \int_a^b f(x)\,dx. \qquad\square$$

Bemerkung. Man schreibt auch: $F(b) - F(a) =: [F(x)]_a^b =: F(x)\big|_a^b$.

Korollar VIII.22   Ist $F: [a, b] \to K$ stetig differenzierbar, so gilt

$$F(x) = F(a) + \int_a^x F'(t)\,dt, \quad x \in [a, b].$$

Eine Übersicht der wichtigsten Stammfunktionen, die man sich merken sollte, gibt Tabelle 27.1. Eine umfassende systematische Aufstellung bekannter Stammfunktionen (gut zum Suchen geeignet!) enthält die Formelsammlung [9, 21.7].

■ 27
Integrationsmethoden

Wir lernen nun drei Methoden kennen, um Integrale auszurechnen bzw. Stammfunktionen zu bestimmen. Es gibt kein Rezept, wann welche Methode funktioniert. Auf jeden Fall helfen Probieren, Erfahrung (vgl. Tabelle 27.1) und Kreativität!

Substitution. *Es seien* $f\colon [a, b] \to \mathbb{C}$ *stetig,* $[\alpha, \beta] \subset [a, b]$, $\varphi\colon [\alpha, \beta] \to \mathbb{R}$ *und* $\varphi([\alpha, \beta]) \subset [a, b]$. *Dann gilt:*   Satz VIII.23

$$\int_{\alpha}^{\beta} (f \circ \varphi)(x) \cdot \varphi'(x) \, dx = \int_{\varphi(\alpha)}^{\varphi(\beta)} f(t) \, dt.$$

Beweis. Ist F eine Stammfunktion von f, so ist nach Kettenregel (Satz VII.8)

$$(F \circ \varphi)'(x) = F'(\varphi(x)) \cdot \varphi'(x) = f(\varphi(x)) \cdot \varphi'(x), \quad x \in [a, b],$$

also ist $F \circ \varphi$ Stammfunktion von $(f \circ \varphi) \cdot \varphi'$. Nach dem Fundamentalsatz der Differential- und Integralrechnung (Satz VIII.21) folgt dann:

Tabelle 27.1: Einige wichtige Stammfunktionen

Funktion f	Stammfunktion F	Definitionsbereich	
x^s, $s \neq -1$	$\dfrac{1}{s+1} x^{s+1}$	$x \in \mathbb{R}$, $x \in \mathbb{R} \setminus \{0\}$, $x \in (0, \infty)$,	falls $s \in \mathbb{N}_0$ falls $s \in (-\mathbb{N})$ falls $s \in \mathbb{R} \setminus \mathbb{Z}$
$\dfrac{1}{x}$	$\ln(x)$	$x \in (0, \infty)$	
$\exp(\lambda x)$, $\lambda \in \mathbb{C} \setminus \{0\}$	$\dfrac{1}{\lambda} \exp(\lambda x)$	$x \in \mathbb{R}$	
$\sin(x)$	$-\cos(x)$	$x \in \mathbb{R}$	
$\cos(x)$	$\sin(x)$	$x \in \mathbb{R}$	
$\dfrac{1}{\cos^2(x)}$	$\tan(x)$	$x \in \left(-\dfrac{\pi}{2}, \dfrac{\pi}{2}\right)$	
$\dfrac{1}{\sin^2(x)}$	$-\cot(x) := -\dfrac{\cos(x)}{\sin(x)}$	$x \in (0, \pi)$	
$\dfrac{1}{\sqrt{1-x^2}}$	$\arcsin(x)$	$x \in (-1, 1)$	
$\dfrac{1}{1+x^2}$	$\arctan(x)$	$x \in \mathbb{R}$	
$\dfrac{f'(x)}{f(x)}$, $f(x) \neq 0$, $x \in \mathbb{R}$	$\ln |f(x)|$	$x \in \mathbb{R}$	

$$\int_{\alpha}^{\beta} (f \circ \varphi)(x) \cdot \varphi'(x)\,\mathrm{d}x = (F \circ \varphi)(\beta) - (F \circ \varphi)(\alpha)$$

$$= F(\varphi(\beta)) - F(\varphi(\alpha)) = \int_{\varphi(\alpha)}^{\varphi(\beta)} f(t)\,\mathrm{d}t. \qquad \Box$$

Beispiel

Berechne das Integral $\int_{-1}^{1} \sqrt{1 - y^2}\,\mathrm{d}y$!

Für $f(y) := \sqrt{1 - y^2}, y \in [-1, 1]$, und $\varphi(x) := \cos(x), x \in [0, \pi]$, ist

$$f(\varphi(x)) = \sqrt{1 - \cos^2(x)} = \sin(x), \quad \varphi'(x) = -\sin(x), \quad \varphi(0) = 1, \ \varphi(\pi) = -1.$$

Damit folgt nach der Substitutionsregel (Satz VIII.23):

$$\int_{-1}^{1} \sqrt{1 - y^2}\,\mathrm{d}y = \int_{\pi}^{0} (-\sin^2(x))\,\mathrm{d}x = \int_{0}^{\pi} \sin^2(x)\,\mathrm{d}x.$$

Das Additionstheorem für cos (Aufgabe VI.3) liefert für $x \in \mathbb{R}$:

$$\cos(2x) = \cos^2(x) - \sin^2(x) = 1 - 2\sin^2(x) \implies \sin^2(x) = \frac{1}{2}(1 - \cos(2x)).$$

Damit ergibt sich

$$\int_{-1}^{1} \sqrt{1 - y^2}\,\mathrm{d}y = \int_{0}^{\pi} \frac{1}{2}(1 - \cos(2x))\,\mathrm{d}x = \frac{\pi}{2} - \frac{1}{2}\overbrace{\left[\frac{1}{2}\sin(2x)\right]_{0}^{\pi}}^{=0} = \frac{\pi}{2}.$$

Zeichnen Sie sich den Graphen von f auf und überlegen Sie, dass wir eben die Fläche eines Halbkreises mit Radius 1 berechnet haben!

Satz VIII.24

Partielle Integration. *Für stetig differenzierbare $f, g \colon [a, b] \to \mathbb{C}$ ist*

$$\int_{a}^{b} f(x)g'(x)\,\mathrm{d}x = \left[f(x)g(x)\right]_{a}^{b} - \int_{a}^{b} f'(x)g(x)\,\mathrm{d}x.$$

Beweis. Nach der Produktregel (Satz VII.6 (ii)) ist $(f \cdot g)' = f'g + f g'$, also $f \cdot g$ Stammfunktion von $f'g + f g'$. Nach dem Fundamentalsatz der Differential- und Integralrechnung (Satz VIII.21) ist dann

$$\int_{a}^{b} \left(f(x)g'(x) + f'(x)g(x)\right)\,\mathrm{d}x = \left[f(x)g(x)\right]_{a}^{b}. \qquad \Box$$

Bemerkung. Für das unbestimmte Integral hat die partielle Integration die Form

$$\int f(x)g'(x)\,\mathrm{d}x = f(x)g(x) - \int f'(x)g(x)\,\mathrm{d}x.$$

Finde eine Stammfunktion des Logarithmus, d.h., berechne für $a > 0$ **Beispiel**

$$\int_a^x \ln(t)\,dt, \quad x \in [a, \infty)!$$

Mit $f(t) = \ln(t)$, $g(t) = t$, $t \in (a, \infty)$, in Satz VIII.24 folgt für $x \in [a, \infty)$:

$$\int_a^x \ln(t)\,dt = [t\ln(t)]_a^x - \int_a^x \frac{1}{t} \cdot t\,dt = x\ln(x) - a\ln(a) - (x - a)$$

$$= x(\ln(x) - 1) - a(\ln(a) - 1).$$

Also ist $F(x) = x(\ln(x) - 1)$, $x \in (0, \infty)$, eine Stammfunktion des Logarithmus ln.

Eine spezielle Integrationsmethode für rationale Funktionen liefert die sog. *Partialbruchzerlegung*, die nur noch Terme enthält, die man elementar integrieren kann.

Partialbruchzerlegung. *Es seien P und Q Polynome mit Koeffizienten in $K = \mathbb{R}$*   **Satz VIII.25**
oder $\mathbb{C}$. Dann existiert eine eindeutige Zerlegung

$$\frac{P}{Q}(z) = T(z) + \sum_{j=1}^{r} \sum_{k=1}^{m_j} \frac{c_{jk}}{(z - z_j)^k}, \tag{27.1}$$

wobei T ein Polynom ist, $r \in \mathbb{N}_0$, $m_1, \dots, m_r \in \mathbb{N}$, $z_1, \dots, z_r \in \mathbb{C}$ und $c_{jk} \in \mathbb{C}$. Speziell für $K = \mathbb{R}$ hat (27.1) die Form

$$\frac{P}{Q}(x) = T(x) + \sum_{k=1}^{r} \sum_{\kappa=1}^{m_k} \frac{c_{k\kappa}}{(x - x_k)^\kappa} + \sum_{l=1}^{s} \sum_{\nu=1}^{n_l} \frac{d_{l\nu} + \widetilde{d}_{l\nu}x}{q_l(x)^\nu}, \tag{27.2}$$

wobei $x_1, \dots, x_r \in \mathbb{R}$, $d_{l\nu}$, $\widetilde{d}_{l\nu}$, $c_{k\kappa} \in \mathbb{R}$, und $q_1, \dots, q_s$ reelle Polynome zweiten Grades ohne reelle Nullstellen sind.

Beweis. Der Beweis erfolgt mit Hilfe des Fundamentalsatzes der Algebra, der die Zerlegung von Q in Linearfaktoren liefert (siehe z.B. [19, Abschnitt 4.3]). $\square$

Ein Rezept zur Berechnung der Partialbruchzerlegung lautet: **Bemerkung VIII.26**

1. Schritt: Ist $\deg P < \deg Q$, so ist $T \equiv 0$. Ist $\deg P \geq \deg Q$, bestimme T durch Polynomdivision mit Rest; der Rest hat die Form $\frac{\widetilde{P}}{Q}$ mit $\deg \widetilde{P} < \deg Q$.

2. Schritt: Bestimme die Linearfaktorzerlegung von Q: dann ist r die Anzahl der verschiedenen (komplexen) Nullstellen von Q, z_j sind die Nullstellen von Q und m_j ihre Vielfachheiten.

3. Schritt: Bestimme aus dem Ansatz (27.1) bzw. (27.2) die Koeffizienten c_{jk} bzw. $c_{k\kappa}, d_{l\nu}, \widetilde{d}_{l\nu}$ nach Multiplikation mit Q durch Koeffizientenvergleich.

Beispiel

Berechne $\displaystyle\int_{-1}^{0} \frac{x^2(x-2)}{(x-1)^2}\,dx$!

1. Schritt: Da $\deg P = 3 \geq 2 = \deg Q$, führen wir Polynomdivision durch:

$$(x^3 - 2x^2):(x^2 - 2x + 1) \;=\; x + \frac{-x}{x^2 - 2x + 1}$$

$$\underline{x^3 - 2x^2 + x}$$

$$\text{Rest:}\qquad - x$$

2. Schritt: Für $Q(x) = (x-1)^2$ ist $r = 1, z_1 = 1, m_1 = 2$.

3. Schritt: Aus dem Ansatz

$$\frac{x^2(x-2)}{(x-1)^2} = x + \frac{c_{11}}{x-1} + \frac{c_{12}}{(x-1)^2} = \frac{x^3 - 2x^2 + x + c_{11}(x-1) + c_{12}}{(x-1)^2}$$

folgt durch Koeffizientenvergleich im Zähler $c_{11} = -1, \; c_{12} = c_{11} = -1$, also:

$$\int_{-1}^{0} \frac{x^2(x-2)}{(x-1)^2}\,dx = \int_{-1}^{0}\left(x - \frac{1}{x-1} - \frac{1}{(x-1)^2}\right)\,dx$$

$$= \left[\frac{x^2}{2} - \ln(1-x) + \frac{1}{x-1}\right]_{-1}^{0} = -1 + \ln 2.$$

■ 28
Uneigentliche Integrale

Es gibt zwei Fälle von uneigentlichen Integralen: Entweder kann das Integrationsintervall unendlich sein, oder das Integrationsintervall ist beschränkt, aber die Funktion darauf ist unbeschränkt.

Definition VIII.27

Es sei $I \subset \mathbb{R}$ ein Intervall. Eine Funktion $f \colon I \to \mathbb{C}$ heißt *lokal Riemann-integrierbar*, wenn für jedes Intervall $[\alpha, \beta] \subset I$ die Einschränkung $f|_{[\alpha,\beta]}$ Riemann-integrierbar ist. Definiere dann das *uneigentliche Integral* $\int_I f(x)\,dx$

(i) für $I = [a, b)$ oder $[a, \infty)$ bzw. $I = (a, b]$ oder $(-\infty, b]$ durch

$$\int_a^b f(x)\,dx := \lim_{\beta \nearrow b} \int_a^\beta f(x)\,dx, \qquad \int_a^b f(x)\,dx := \lim_{\alpha \searrow a} \int_\alpha^b f(x)\,dx,$$

(ii) für $I = (a, b)$ oder $(-\infty, \infty)$ durch

$$\int_a^b f(x)\,dx := \overbrace{\int_a^c f(x)\,dx}^{\text{in (i) definiert}} + \overbrace{\int_c^b f(x)\,dx}^{\text{in (i) definiert}} \quad \text{mit } c \in (a, b).$$

Man nennt das uneigentliche Integral *konvergent*, falls die Grenzwerte jeweils existieren, andernfalls *divergent*, und *absolut konvergent*, wenn das uneigentliche Integral $\int_I |f(x)|\,dx$ konvergent ist.

Bemerkung. – Es gelten die gleichen Rechenregeln wie für Riemann-Integrale (Proposition VIII.13); insbesondere folgt, dass Definition VIII.27 (ii) unabhängig von der Wahl von c ist.

– Für eine Riemann-integrierbare Funktion $f\colon [a, b] \to \mathbb{C}$ stimmt das uneigentliche Integral mit dem Riemann-Integral überein (denn die Abbildung $x \mapsto \int_a^x f(t)\, dt$ ist stetig nach Satz VIII.18).

Beispiel VIII.28

$$- \int_1^\infty \frac{1}{x^s}\, dx \begin{cases} = \dfrac{1}{s-1}, & s > 1, \\ \text{ist divergent}, & s \leq 1. \end{cases}$$

Beweis. Für $\beta > 1$ gilt:

$$\int_1^\beta \frac{1}{x^s}\, dx = \begin{cases} \left[\frac{1}{-s+1} x^{-s+1}\right]_1^\beta = \frac{1}{1-s}\left(\beta^{1-s} - 1\right) \xrightarrow{\beta \to \infty} \begin{cases} \frac{1}{s-1}, & s > 1, \\ \infty, & s < 1, \end{cases} \\ \left[\ln(x)\right]_1^\beta = \ln(\beta) \xrightarrow{\beta \to \infty} \infty, & s = 1. \end{cases} \qquad \square$$

$$- \int_{-\infty}^\infty \frac{1}{1+x^2}\, dx = \pi.$$

Beweis. Für $\beta > 0$ gilt:

$$\int_0^\beta \frac{1}{1+x^2}\, dx = \left[\arctan(x)\right]_0^\beta = \arctan(\beta) \xrightarrow{\beta \to \infty} \frac{\pi}{2}$$

und damit aus Symmetriegründen (mittels Substitution $x \mapsto -x$):

$$\pi = 2 \int_0^\infty \frac{1}{1+x^2}\, dx = \int_{-\infty}^\infty \frac{1}{1+x^2}\, dx. \qquad \square$$

Proposition VIII.29

Es seien $I \subset \mathbb{R}$ ein Intervall und $f\colon I \to \mathbb{C}$, $g\colon I \to \mathbb{R}$ beide lokal Riemann-integrierbar. Dann gilt:

$$|f| \leq g, \quad \int_a^b g(x)\, dx \text{ konvergent} \implies \int_a^b f(x)\, dx \text{ absolut konvergent.}$$

Beweis. Die Behauptung folgt mit den Rechenregeln für Integral und Limes (Proposition VIII.13 und Satz IV.36). $\qquad \square$

Satz VIII.30

Integralvergleichskriterium für Reihen. *Ist $f\colon [1, \infty) \to [0, \infty)$ monoton fallend, so gilt:*

$$\sum_{n=1}^\infty f(n) \text{ konvergent} \iff \int_1^\infty f(x)\, dx \text{ konvergent.}$$

Beweis. Da f monoton fallend ist, folgt:

$$\forall\, n \in \mathbb{N}\ \forall\, x \in [n, n+1]\colon f(n) \geq f(x) \geq f(n+1),$$

also ergibt sich nach Integration von n bis $n+1$:

$$\forall\, n \in \mathbb{N}: f(n) \geq \int_n^{n+1} f(x)\,\mathrm{d}x \geq f(n+1).$$

Summation liefert für beliebiges $N \in \mathbb{N}$:

$$\sum_{n=1}^{N} f(n) \geq \int_1^{N+1} f(x)\,\mathrm{d}x \geq \sum_{n=1}^{N} f(n+1) = \sum_{n=2}^{N+1} f(n).$$

Nun folgt „$\Longrightarrow$" aus der ersten und „$\Longleftarrow$" aus der zweiten Ungleichung. □

Beispiel VIII.31

$$\sum_{n=1}^{\infty} \frac{1}{n^s} \begin{cases} \text{konvergent} & \text{für } s > 1, \\ \text{divergent} & \text{für } s \leq 1, \end{cases}$$

folgt sofort aus dem Integralvergleichskriterium (Satz VIII.30) und Beispiel VIII.28.

Diese Reihe kann man auch für komplexe $s \in \mathbb{C}$ definieren, und sie konvergiert dann für $\operatorname{Re} s > 1$; durch „analytische Fortsetzung" erhält man daraus die *Riemannsche Zeta-Funktion* $\zeta: \mathbb{C} \setminus \{1\} \to \mathbb{C}$. Die noch immer nicht bewiesene *Riemannsche Vermutung*[2] sagt ([3, Abschnitt VI.6]):

Alle komplexen Nullstellen der Riemannschen Zeta-Funktion
mit $\operatorname{Re} s > 0$ liegen auf der Geraden $\operatorname{Re} s = \frac{1}{2}$.

■ 29
Konvergenz von Funktionenfolgen und -reihen

Funktionen müssen oft durch einfachere Funktionen (z.B. Polynome) approximiert werden. Wie misst man die Güte einer solchen Approximation, und wie verhalten sich Ableitung, Stetigkeit und Integral bei einer solchen Approximation:

$$f_n \xrightarrow[n\to\infty]{???} f \implies \begin{cases} \int_a^b f_n(x)\,\mathrm{d}x \xrightarrow[n\to\infty]{} \int_a^b f(x)\,\mathrm{d}x\,? \\ f_n \text{ stetig} \implies f \text{ stetig}\,? \\ f_n'(x) \xrightarrow[n\to\infty]{} f'(x)\,? \end{cases}$$

Definition VIII.32

und Bemerkung. Sind X eine Menge und $(E, \|\cdot\|)$ ein normierter Raum, so setzt man

$$B(X, E) := \{f: X \to E: f \text{ beschränkt}\},$$

$$\|f\|_\infty := \sup\{\|f(x)\|: x \in X\}, \quad f \in B(X, E).$$

Dann ist $\|\cdot\|_\infty$ eine Norm auf $B(X, E)$ und heißt *Supremumsnorm*. Ist E vollständig, so ist auch $B(X, E)$ vollständig (Aufgabe VIII.8).

---

[2] Sie ist eines der sieben „Millenium Prize Problems" des Clay Mathematics Institute, das für ihren Beweis 1.000.000 US $ ausgeschrieben hat! (siehe www.claymath.org/millennium).

Es seien X eine Menge, $(E, \|\cdot\|)$ ein normierter Raum und $f_n, f\colon X \to E$ Funktionen, $n \in \mathbb{N}$. Die Folge $(f_n)_{n \in \mathbb{N}}$ heißt

(i) *punktweise konvergent* gegen f, $f_n \xrightarrow[n \to \infty]{\text{pktw.}} f$

$:\Longleftrightarrow \ \forall\, \varepsilon > 0 \ \forall\, x \in X \ \exists\, N = N(x, \varepsilon) \in \mathbb{N} \ \forall\, n \geq N\colon \|f_n(x) - f(x)\| < \varepsilon;$

(ii) *gleichmäßig konvergent* gegen f, $f_n \xrightarrow[n \to \infty]{\text{glm.}} f$

$:\Longleftrightarrow \ \forall\, \varepsilon > 0 \ \exists\, N = N(\varepsilon) \in \mathbb{N} \ \forall\, n \geq N \ \forall\, x \in X\colon \|f_n(x) - f(x)\| < \varepsilon.$

Geometrisch heißt gleichmäßige Konvergenz, dass es für jedes $\varepsilon > 0$ ein $N \in \mathbb{N}$ gibt, so dass für alle $n \geq N$ die Graphen der f_n im ε-Streifen um den Graphen der Grenzfunktion f liegen (Abb. 29.1).

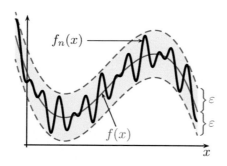

Abb. 29.1: Gleichmäßige Konvergenz anschaulich

(i) Damit sind auch punktweise und gleichmäßige Konvergenz von Funktionenreihen $\displaystyle\sum_{k=1}^{\infty} f_k$ definiert (mittels Partialsummenfolge);

(ii) $f_n \xrightarrow[n \to \infty]{\text{glm.}} f \implies f_n \xrightarrow[n \to \infty]{\text{pktw.}} f$ (aber nicht umgekehrt);

(iii) $f_n \xrightarrow[n \to \infty]{\text{pktw.}} f \iff \forall\, x \in X\colon \|f_n(x) - f(x)\| \xrightarrow[n \to \infty]{} 0;$

(iv) $f_n \xrightarrow[n \to \infty]{\text{glm.}} f \iff \|f_n - f\|_\infty \xrightarrow[n \to \infty]{} 0.$

Gleichmäßige Konvergenz und Stetigkeit. Betrachte die Funktionen

$$f_n(x) := x^n, \ x \in [0, 1], \ n \in \mathbb{N}, \qquad f(x) := \begin{cases} 0, & x \in [0, 1), \\ 1, & x = 1. \end{cases}$$

Alle f_n sind stetig, und es gilt $f_n \xrightarrow[n \to \infty]{\text{pktw.}} f$. Trotzdem ist f nicht stetig! Der Grund ist, dass die Folge $(f_n)_{n \in \mathbb{N}}$ nicht gleichmäßig konvergiert auf $[0, 1]$:

Satz VIII.35

Es seien (X, d) metrischer Raum, $(E, \| \cdot \|)$ normierter Raum und $f_n, f : X \to E$, $n \in \mathbb{N}$. Dann gilt:

$$f_n \xrightarrow[n \to \infty]{\text{glm.}} f, \quad f_n \text{ stetig} \implies f \text{ stetig}.$$

Beweis. Es seien $x_0 \in X$ und $\varepsilon > 0$ beliebig. Wegen der gleichmäßigen Konvergenz der Folge $(f_n)_{n \in \mathbb{N}}$ existiert ein $N \in \mathbb{N}$ mit

$$\forall\, n \geq N: \|f_n - f\|_\infty < \frac{\varepsilon}{3}.$$

Da f_N stetig in x_0 ist, existiert ein $\delta > 0$ mit

$$\forall\, x \in X, \; d(x, x_0) < \delta: \|f_N(x) - f_N(x_0)\| < \frac{\varepsilon}{3}.$$

Damit folgt für $x \in X$ mit $d(x, x_0) < \delta$:

$$\|f(x) - f(x_0)\| \leq \underbrace{\|f(x) - f_N(x)\|}_{\leq \|f - f_N\|_\infty < \frac{\varepsilon}{3}} + \underbrace{\|f_N(x) - f_N(x_0)\|}_{< \frac{\varepsilon}{3}} + \underbrace{\|f_N(x_0) - f(x_0)\|}_{\leq \|f_N - f\|_\infty < \frac{\varepsilon}{3}} < \varepsilon. \quad \square$$

Gleichmäßige Konvergenz und Integration. Betrachte die Funktionen

$$f_n(x) := \begin{cases} 2n^2 x, & x \in \left[0, \frac{1}{2n}\right], \\ 2n - 2n^2 x, & x \in \left[\frac{1}{2n}, \frac{1}{n}\right], \\ 0, & x \in \left[\frac{1}{n}, 1\right], \end{cases} \quad n \in \mathbb{N}.$$

Dann ist $f_n \xrightarrow[n \to \infty]{\text{pktw.}} 0$, aber $\int_0^1 f_n(x)\, \mathrm{d}x = \frac{1}{2} \nrightarrow 0$ (skizzieren Sie die Graphen für mehrere n)! Auch hier ist der Grund wieder die fehlende gleichmäßige Konvergenz:

Satz VIII.36

Für $f_n, f : [a, b] \to K$ $(= \mathbb{R}$ oder $\mathbb{C})$, $n \in \mathbb{N}$, f_n stetig, gilt:

$$f_n \xrightarrow[n \to \infty]{\text{glm.}} f \implies \int_a^b f_n(x)\, \mathrm{d}x \xrightarrow[n \to \infty]{} \int_a^b f(x)\, \mathrm{d}x.$$

Beweis. Nach Satz VIII.35 ist f stetig, also sind f und f_n Riemann-integrierbar. Mit Proposition VIII.13 (i), Satz VIII.16 und der gleichmäßigen Konvergenz folgt:

$$\left| \int_a^b f_n(x)\, \mathrm{d}x - \int_a^b f(x)\, \mathrm{d}x \right| \leq \int_a^b |f_n(x) - f(x)|\, \mathrm{d}x \leq \|f_n - f\|_\infty (b - a) \xrightarrow{n \to \infty} 0. \quad \square$$

Gleichmäßige Konvergenz und Differentiation. Betrachte die Funktionen

$$f_n(x) = \frac{\sin(nx)}{\sqrt{n}}, \quad f_n'(x) = \sqrt{n} \cos(nx), \quad x \in [0, 2\pi], \quad n \in \mathbb{N}.$$

Dann ist $\|f_n\|_\infty = \frac{1}{\sqrt{n}}$, also $f_n \xrightarrow[n \to \infty]{\text{glm.}} 0$, aber $(f_n')_{n \in \mathbb{N}}$ nicht punktweise konvergent!

> *Es seien* $f_n, f\colon [a, b] \to \mathbb{C}, f_n$ *stetig differenzierbar,* $n \in \mathbb{N}$. *Ist* $f_n \xrightarrow[n\to\infty]{\text{pktw.}} f$ *und* $(f_n')_{n\in\mathbb{N}}$ **Satz VIII.37**
> *gleichmäßig konvergent, so ist* f *stetig differenzierbar mit*
>
> $$f_n' \xrightarrow[n\to\infty]{\text{pktw.}} f'.$$

Beweis. Nach Satz VIII.35 ist $\widetilde{f} := \lim_{n\to\infty} f_n'$ stetig. Nach Korollar VIII.22 zum Fundamentalsatz der Differential– und Integralrechnung gilt:

$$f_n(x) = f_n(a) + \int_a^x f_n'(t)\,\mathrm{d}t, \quad x \in [a, b].$$

Die Integrale rechts konvergieren nach Satz VIII.36. Da $f_n \xrightarrow[n\to\infty]{\text{pktw.}} f$, folgt

$$f(x) = f(a) + \int_a^x \widetilde{f}(t)\,\mathrm{d}t, \quad x \in [a, b],$$

und nach Differentiation

$$f'(x) = \widetilde{f}(x) = \lim_{n\to\infty} f_n'(x), \quad x \in [a, b]. \qquad \square$$

Speziell für Funktionenreihen gibt es einen recht einfachen Test auf absolute und gleichmäßige Konvergenz:

> **Kriterium von Weierstraß.** *Es seien* X *eine Menge,* $(E, \|\cdot\|)$ *ein vollständiger*   **Satz VIII.38**
> *normierter Raum (z.B.* $E = \mathbb{R}$ *oder* $\mathbb{C}$*) und* $g_k\colon X \to E$ *beschränkt,* $k \in \mathbb{N}$. *Gilt*
>
> $$\sum_{k=1}^{\infty} \|g_k\|_\infty < \infty, \tag{29.1}$$
>
> *so konvergiert* $\sum_{k=1}^{\infty} g_k$ *absolut und gleichmäßig in* E.

Beweis. Wegen $\|g_k(x)\| \leq \|g_k\|_\infty < \infty$, $x \in X$, und nach Voraussetzung (29.1) konvergiert $\sum_{k=1}^{\infty} g_k(x)$ absolut nach dem Majoranten-Kriterium (Satz V.36). Setze

$$f_n(x) := \sum_{k=1}^{n} g_k(x), \quad f(x) := \sum_{k=1}^{\infty} g_k(x), \quad x \in X, \ n \in \mathbb{N}.$$

Zu zeigen ist $f_n \xrightarrow[n\to\infty]{\text{glm.}} f$. Für beliebiges $\varepsilon > 0$ gibt es wegen (29.1) ein $N \in \mathbb{N}$ mit

$$\forall\, n \geq N\colon \sum_{k=n+1}^{\infty} \|g_k\|_\infty < \varepsilon.$$

Dann folgt für alle $n \geq N$ und alle $x \in X$ mit der verallgemeinerten Dreiecksungleichung (Proposition V.35):

$$\left\| f_n(x) - f(x) \right\| = \left\| \sum_{k=n+1}^{\infty} g_k(x) \right\| \leq \sum_{k=n+1}^{\infty} \|g_k(x)\| \leq \sum_{k=n+1}^{\infty} \|g_k\|_\infty < \varepsilon. \qquad \square$$

Beispiel VIII.39 $B_2(x) := \dfrac{1}{\pi^2} \displaystyle\sum_{k=1}^{\infty} \dfrac{\cos(2k\pi x)}{k^2}$ konvergiert absolut und gleichmäßig auf $\mathbb{R}$, da nach Beispiel V.21 gilt:

$$\sum_{k=1}^{\infty} \frac{1}{k^2} < \infty.$$

Tatsächlich ist $B_2(x) = x^2 - x + \frac{1}{6}$ das zweite der *Bernoulli-Polynome* B_n, die z.B. bei der Berechnung der Werte der Riemannschen Zeta-Funktion (Beispiel VIII.31) an geradzahligen Stellen auftreten ([18, Abschnitt 41]):

$$\zeta(2n) = \sum_{k=1}^{\infty} \frac{1}{k^{2n}} = \frac{(2\pi)^{2n}}{2(2n)!} |B_{2n}(0)|, \quad n \in \mathbb{N}; \quad \text{speziell:} \quad \sum_{k=1}^{\infty} \frac{1}{k^2} = \frac{\pi^2}{6}.$$

Die wichtigste Anwendung für das Kriterium von Weierstraß sind Potenzreihen.

Der folgende Satz ist eine wichtige Vorbereitung für die Funktionentheorie oder Komplexe Analysis, in der es um Funktionen von $\mathbb{C}$ nach $\mathbb{C}$ geht (siehe z.B. [11, Abschnitt III.2]):

Satz VIII.40   *Für eine Potenzreihe $f(z) := \sum_{k=0}^{\infty} a_k(z-a)^k$ mit Koeffizienten $a_k \in \mathbb{C}$, $k \in \mathbb{N}$, und Konvergenzradius $R > 0$ gilt für jedes $0 < \rho < R$:*

(i) $z \mapsto \displaystyle\sum_{k=0}^{\infty} a_k(z-a)^k$ konvergiert absolut und gleichmäßig auf $B_\rho(a)$ gegen f,

(ii) $z \mapsto \displaystyle\sum_{k=1}^{\infty} k a_k(z-a)^{k-1}$ konvergiert absolut und gleichmäßig auf $B_\rho(a)$ gegen f'.

Beweis. Setze $g_k(z) := a_k(z-a)^k$, $z \in \mathbb{C}$, $k \in \mathbb{N}$. Wähle $z_0 \in \mathbb{C}$ mit $\rho < |z_0 - a| < R$. Dann gilt für $z \in B_\rho(a)$ mit $q := \frac{\rho}{|z_0 - a|} < 1$ (vgl. Beweis von Lemma V.49):

$$|g_k(z)| = \underbrace{|a_k(z_0 - a)^k|}_{=:C} \left| \frac{z-a}{z_0 - a} \right|^k \le Cq^k \implies \|g_k\|_\infty \le Cq^k.$$

Behauptung (i) für f folgt mit Hilfe der geometrischen Reihe aus dem Kriterium von Weierstraß (Satz VIII.38). Analog zeigt man, dass die Potenzreihe in (ii) absolut und gleichmäßig auf $B_\rho(a)$ konvergiert; dass die Grenzfunktion f' ist, folgt aus Satz VIII.37, weil $g_k'(x) = k a_k(z-a)^{k-1}$, $z \in \mathbb{C}$, $k \in \mathbb{N}$.   □

Korollar VIII.41   Potenzreihen dürfen im Innern ihres Konvergenzkreises gliedweise differenziert und integriert werden.

Beweis. Die Behauptung folgt aus den Sätzen VIII.40, VIII.36 und VIII.37.   □

Die Potenzreihen

$$\sinh(z) := \sum_{k=0}^{\infty} \frac{z^{2k+1}}{(2k+1)!}, \quad \cosh(z) := \sum_{k=0}^{\infty} \frac{z^{2k}}{(2k)!}, \quad z \in \mathbb{C},$$

definieren die hyperbolischen trigonometrischen Funktionen *Sinus hyperbolicus* und *Cosinus hyberbolicus*, die auf $\mathbb{C}$ unendlich oft differenzierbar sind mit

$$\sinh'(z) = \sum_{k=0}^{\infty} \frac{(2k+1)z^{2k}}{(2k+1)!} = \sum_{k=0}^{\infty} \frac{z^{2k}}{(2k)!} = \cosh(z), \quad \cosh'(z) = \sinh(z), \quad z \in \mathbb{C}.$$

Übungsaufgaben

VIII.1. Beweise die Eigenschaften des Riemann-Integrals aus Proposition VIII.12 und VIII.13.

VIII.2. Bestimme mit Hilfe von Ober- und Untersummen $\int_{-1}^{1} x^2 \, dx$!

VIII.3. Zeige, dass die Funktion $f(x) = x\sqrt{1+x}, x \in [0, 1]$, Riemann-integrierbar auf $[0, 1]$ ist, und berechne ihr Riemann-Integral auf drei Weisen:

    a) mit den Substitutionen $\varphi_1(x) - \sqrt{1+x}$ und $\varphi_2(x) = \tan^2(x)$;

    b) mit partieller Integration.

VIII.4. Für welche $s \in \mathbb{R}$ konvergiert das Integral $\int_0^1 \frac{1}{x^s} \, dx$ und warum?

VIII.5. Zeige, dass die folgenden uneigentlichen Integrale konvergieren:

    a) $\int_0^{\infty} \sin^2(x) \, dx$;   b) $\int_0^1 \frac{1}{x} \sin\left(\frac{1}{x}\right) dx$;   c) $\int_0^{\infty} \frac{\sin(x)}{x^s} \, dx, \, s > 0$.

    Konvergieren die Integrale in c) auch absolut?

VIII.6. Bestimme das unbestimmte Integral $\int \frac{x^3 + x^2 + x + 2}{x^4 + 3x^2 + 2} \, dx$!

VIII.7. Leite mit Hilfe von Satz VIII.40 die Potenzreihe von arctan her (denke an die Ableitung von arctan ....) und daraus den Wert der alternierenden harmonischen Reihe (Beispiel IV.12 und Aufgabe VI.4):

$$\sum_{k=0}^{\infty} (-1)^k \frac{1}{2k+1} = \frac{\pi}{4}.$$

VIII.8. Beweise, dass der Raum der beschränkten Funktionen $B(X, E)$ auf einer Menge X mit Werten in einem vollständigen normierten Raum E mit der Supremumsnorm $\| \cdot \|_{\infty}$ (Definition VIII.32) ein vollständiger normierter Raum ist.

VIII.9. Zeige, dass für die hyberbolischen Funktionen sinh und cosh für $x, y \in \mathbb{R}$ folgende Identitäten gelten:

a) $\sinh(x) = \frac{1}{2}\big(\exp(x) - \exp(-x)\big)$, $\cosh(x) = \frac{1}{2}\big(\exp(x) + \exp(-x)\big)$;

b) $\cosh^2(x) - \sinh^2(x) = 1$;

c) $\sinh(x + y) = \cosh(x)\sinh(y) + \cosh(y)\sinh(x)$;

d) $\cosh(x + y) = \cosh(x)\cosh(y) + \sinh(x)\sinh(y)$.

Wie hängen sinh und cosh mit sin und cos zusammen?

VIII.10. Bestimme jeweils eine Stammfunktion für den Tangens hyperbolicus und den Cotangens hyberbolicus:

$$\tanh\colon \mathbb{R} \to \mathbb{R}, \quad \tanh := \frac{\sinh}{\cosh}, \qquad \coth\colon \mathbb{R} \setminus \{0\} \to \mathbb{R}, \quad \coth := \frac{\cosh}{\sinh}.$$

Skizziere die Graphen der hyperbolischen Funktionen sinh, cosh, tanh, coth auf $\mathbb{R}$!

IX Taylorpolynome und -reihen

Wann kann man Funktionen *lokal* durch Polynome approximieren? Um physikalische Gleichungen zu vereinfachen, wird z.B. gerne $\sin(x) \approx x$ für „kleine" x angenommen. Aber wie klein muss x sein, damit die Näherung noch akzeptabel ist? Analoge Fragen entstehen, wenn man Funktionswerte mit einem Computer mit vorgegebener Genauigkeit approximieren will.

■ 30
Taylorpolynome

Die Grundidee der Taylorapproximation versteht man am besten, wenn man die ersten beiden Schritte „zu Fuß" überlegt. Dazu sei $I \subset \mathbb{R}$ ein abgeschlossenes Intervall, $f: I \to \mathbb{R}$ eine Funktion und $x_0 \in I$ fest.

(1) Ist f *einmal stetig differenzierbar*, liefert der Fundamentalsatz der Differential- und Integralrechnung (Korollar VIII.22):

$$f(x) = \underbrace{f(x_0)}_{\substack{=:P_0(x) \\ \text{(Polynom 0. Grades)}}} + \underbrace{\int_{x_0}^{x} f'(t)\, dt}_{=:R_0(x)\ (\text{„Rest"})}, \tag{30.1}$$

und mit $K_1 := \max\{|f'(x)|: x \in I\}$ gilt

$$|R_0(x)| \le K_1\, |x - x_0|, \quad x \in I.$$

(2) Ist f *zweimal stetig differenzierbar*, ergibt partielle Integration in (30.1):

$$f(x) = f(x_0) + \Big[-f'(t)(x - t) \Big]_{t=x_0}^{t=x} - \int_{x_0}^{x} \big(-f''(t)(x - t) \big)\, dt$$

$$= \underbrace{f(x_0) + f'(x_0)(x - x_0)}_{\substack{=:P_1(x) \\ \text{(Polynom 1. Grades)}}} + \underbrace{\int_{x_0}^{x} f''(t)(x - t)\, dt}_{=:R_1(x)\ (\text{„Rest"})},$$

und mit $K_2 := \max\{|f''(x)|: x \in I\}$ gilt, z.B. für $x \ge x_0$ (analog für $x \le x_0$):

$$|R_1(x)| \le K_2 \int_{x_0}^{x} \underbrace{|x - t|}_{\ge 0}\, dt = K_2 \left[-\frac{(x - t)^2}{2} \right]_{t=x_0}^{t=x} = K_2 \frac{|x - x_0|^2}{2}.$$

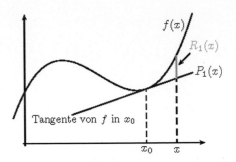

Abb. 30.1: Der Rest R_1 hängt von der Krümmung f'' von f ab

Im Folgenden sei wieder $K = \mathbb{R}$ oder $\mathbb{C}$ und $I \subset \mathbb{R}$ immer ein Intervall.

Satz IX.1

Taylorsche[1] Formel. *Sind* $n \in \mathbb{N}_0, f \in C^{n+1}(I, K)$ *und* $x_0 \in I$*, so ist*

$$f(x) = f(x_0) + f'(x_0)(x - x_0) + \cdots + \frac{f^{(n)}(x_0)}{n!}(x - x_0)^n + R_n(x)$$

für $x \in I$*, wobei*

$$R_n(x) = \frac{1}{n!} \int_{x_0}^{x} f^{(n+1)}(t)(x - t)^n \, dt \quad \text{(Cauchysche Form des Restgliedes).}$$

Beweis (durch vollständige Induktion nach n). Der Fall $\underline{n = 0}$ war in (30.1) gezeigt. Im Induktionsschritt gehen wir genau wie in Schritt (2) oben vor:

$\underline{n \rightsquigarrow n + 1}$: Nach Induktionsvoraussetzung und mit partieller Integration folgt:

$$R_n(x) = \frac{1}{n!} \int_{x_0}^{x} f^{(n+1)}(t)(x - t)^n \, dt$$

$$= \frac{1}{n!} \left(\left[-f^{(n+1)}(t) \frac{(x - t)^{n+1}}{n + 1} \right]_{t=x_0}^{t=x} + \int_{x_0}^{x} f^{(n+2)}(t) \frac{(x - t)^{n+1}}{n + 1} \, dt \right)$$

$$= \frac{f^{(n+1)}(x_0)}{(n + 1)!}(x - x_0)^{n+1} + \underbrace{\frac{1}{(n + 1)!} \int_{x_0}^{x} f^{(n+2)}(t)(x - t)^{n+1} \, dt}_{= R_{n+1}(x)} . \qquad \square$$

Definition IX.2

Für $n \in \mathbb{N}_0, f \in C^n(I, \mathbb{C})$ und $x_0 \in I$ ist das *Taylorpolynom der Ordnung n von f in* x_0 definiert als

$$P_n(x) := f(x_0) + f'(x_0)(x - x_0) + \cdots + \frac{f^{(n)}(x_0)}{n!}(x - x_0)^n$$

$$= \sum_{k=0}^{n} \frac{f^{(k)}(x_0)}{k!}(x - x_0)^k, \quad x \in I.$$

---

[1] BROOK TAYLOR, ∗ 18. August 1685 in Edmonton, 29. Dezember 1731 in Somerset House, London, englischer Mathematiker, der neben der erst Jahrzehnte später durch Lagrange gewürdigten Taylorentwicklung die Finite-Differenzen-Methode erfand.

Wir wissen bereits, dass $f' = 0$ genau dann gilt, wenn f konstant, also ein Polynom vom Grad 0, ist (Korollar VII.20). Jetzt können wir allgemeiner zeigen:

Ist $n \in \mathbb{N}_0$ und $f \in C^{n+1}(I, \mathbb{C})$, so gilt: **Korollar IX.3**

$$f \text{ ist Polynom vom Grad} \leq n \iff f^{n+1} = 0.$$

Beweis. „$\Longrightarrow$": Diese Implikation ist offensichtlich.

„$\Longleftarrow$": Mit der Cauchyschen Form des Restglieds in der Taylorschen Formel (Satz IX.1) folgt aus der Voraussetzung $R_n = 0$, also $f = P_n$. $\qquad\square$

Es seien $n \in \mathbb{N}_0$, $f \in C^n(I, \mathbb{C})$ und $x_0 \in I$. Dann existiert genau ein Polynom P vom Grad $\leq n$ mit **Proposition IX.4**

$$P^{(k)}(x_0) = f^{(k)}(x_0), \quad k = 0, 1, \ldots, n,$$

nämlich das Taylorpolynom P_n der Ordnung n von f in x_0.

Beweis. Eine gutes Training für Taylorpolynome (Aufgabe IX.1)! $\qquad\square$

Speziell für reellwertige Funktionen gibt es noch eine weitere Form des Restterms:

Es seien $n \in \mathbb{N}_0$, $f \in C^{n+1}(I, \mathbb{R})$ und $x_0, x \in I$. Dann existiert ein $\xi \in (x_0, x)$ bzw. (x, x_0) mit **Satz IX.5**

$$R_n(x) = \frac{f^{(n+1)}(\xi)}{(n+1)!} (x - x_0)^{n+1} \quad \text{(Lagrangesche}^2 \text{ Form des Restgliedes)}.$$

Beweis. Da $R_n = f - P_n$ für $n \in \mathbb{N}$, folgt aus Proposition IX.4 und $P_n^{(n+1)} = 0$:

$$R_n^{(k)}(x_0) = f^{(k)}(x_0) - P_n^{(k)}(x_0) = 0, \quad k = 0, 1, \ldots, n, \qquad R_n^{(n+1)} = f^{(n+1)}.$$

Nach dem verallgemeinerten Mittelwertsatz (Satz VII.32) (dafür braucht man f reellwertig!) existieren sukzessive $\xi_1, \ldots \xi_{n+1} \in (x_0, x)$ bzw. (x, x_0) mit

$$\frac{R_n(x)}{(x - x_0)^{n+1}} = \frac{R_n(x) - \overbrace{R_n(x_0)}^{=0}}{(x - x_0)^{n+1} - \underbrace{(x_0 - x_0)^{n+1}}_{=0}} = \frac{R_n'(\xi_1)}{(n+1)(\xi_1 - x_0)^n}$$

$$= \frac{1}{(n+1)} \frac{R_n'(\xi_1) - \overbrace{R_n'(x_0)}^{=0}}{(\xi_1 - x_0)^n - \underbrace{(x_0 - x_0)^n}_{=0}} = \frac{1}{(n+1)} \frac{R_n''(\xi_2)}{n(\xi_2 - x_0)^{n-1}}$$

$$= \cdots = \frac{R_n^{(n+1)}(\xi_{n+1})}{(n+1)!} = \frac{f^{(n+1)}(\xi_{n+1})}{(n+1)!}.$$

Die Behauptung folgt dann mit $\xi := \xi_{n+1}$. $\qquad\square$

---

[2] JOSEPH-LOUIS LAGRANGE, * 25. Januar 1736 in Turin, 10. April 1813 in Paris, brillierte in allen Gebieten der Analysis, der Zahlentheorie und der analytischen Mechanik.

Aus der Lagrangeschen Form folgen sofort konkrete Restgliedabschätzungen:

Korollar IX.6   Sind $I \subset \mathbb{R}$ Intervall, $f \in C^{n+1}(I, \mathbb{R})$, $x_0 \in I$, und gibt es $K \geq 0$ mit

$$|f^{(n+1)}(t)| \leq K, \quad t \in I, \tag{30.2}$$

so gilt

$$|R_n(x)| \leq \frac{K}{(n+1)!} |x - x_0|^{n+1}, \quad x \in I.$$

Bemerkung. Ist I ein abgeschlossenes Intervall, gilt (30.2) nach Satz VI.37 vom Minimum und Maximum *immer*; insbesondere gilt für jedes $\delta > 0$ mit $K :=$ $\max\{|f^{(n+1)}(t)| : t \in [x_0 - \delta, x_0 + \delta]\}$:

$$|R_n(x)| \leq \frac{K}{(n+1)!} \delta^{n+1}, \quad x \in [x_0 - \delta, x_0 + \delta].$$

In Satz VII.24 (ii) haben wir lokale Extrema x_0 mit Hilfe des Vorzeichens von $f''(x_0)$ klassifiziert, falls $f''(x_0) \neq 0$ war. Die Lagrangesche Restgliedformel erlaubt uns nun eine Verallgemeinerung auf den Fall $f^{(n+1)}(x_0) \neq 0$ für ein beliebiges $n \in \mathbb{N}$.

Korollar IX.7   Es seien $I \subset \mathbb{R}$ Intervall, $n \in \mathbb{N}_0$, $f \in C^{n+1}(I, \mathbb{R})$ und $x_0 \in I$. Gilt

$$f'(x_0) = f''(x_0) = \cdots = f^{(n)}(x_0) = 0, \quad f^{(n+1)}(x_0) \neq 0, \tag{30.3}$$

so ist x_0

   (i) lokales Minimum, wenn n ungerade ist und $f^{(n+1)}(x_0) > 0$,

   (ii) lokales Maximum, wenn n ungerade ist und $f^{(n+1)}(x_0) < 0$,

   (iii) keine lokale Extremstelle, wenn n gerade ist.

Beweis. Es sei etwa $f^{(n+1)}(x_0) > 0$ (sonst betrachte $-f$). Da $f^{(n+1)}$ nach Voraussetzung stetig ist, existiert ein $\delta > 0$, so dass

$$\forall x \in (x_0 - \delta, x_0 + \delta) : f^{(n+1)}(x) > 0.$$

Nach der Taylorschen Formel (Satz IX.1) und mit Voraussetzung (30.3) folgt:

$$f(x) = f(x_0) + R_n(x), \quad x \in (x_0 - \delta, x_0 + \delta).$$

n *ungerade* (d.h. $n + 1$ gerade): Nach Satz IX.5 gibt es ein $\xi \in (x_0 - \delta, x_0 + \delta)$ mit

$$R_n(x) = \frac{1}{(n+1)!} \underbrace{f^{(n+1)}(\xi)}_{>0} \underbrace{(x - x_0)^{n+1}}_{\geq 0} \geq 0 \implies x_0 \text{ lokales Minimum.} \tag{30.4}$$

n *gerade* (d.h. $n + 1$ ungerade): Dann wechselt in (30.4) der Faktor $(x - x_0)^{n+1}$ in (30.4) das Vorzeichen auf $(x_0 - \delta, x_0 + \delta)$ in x_0, also folgt jetzt

$$R_n(x) = \begin{cases} \geq 0, & x \in (x_0, x_0 + \delta) \\ < 0, & x \in (x_0 - \delta, x_0) \end{cases} \implies x_0 \text{ keine lokale Extremstelle.} \qquad \square$$

Zur qualitativen Formulierung der Taylorschen Formel (d.h. ohne genaue Konstanten in den Restgliedabschätzungen) ist die folgende Schreibweise nützlich.

Landausche[3] Symbole. Es seien $(X_1, \|\cdot\|_1), (X_2, \|\cdot\|_2)$ normierte Räume (z.B. $\mathbb{R}$ oder $\mathbb{C}$), $D \subset X_1, f, g \colon D \to X_2$ und a Häufungspunkt von D. Dann schreibt man für $x \to a$: **Definition IX.8**

(i) $f(x) = \mathrm{O}(g(x)) :\Longleftrightarrow \exists\,\delta > 0\,\exists\,C > 0\,\forall x \in D, \|x - a\|_1 < \delta$:
$$\|f(x)\|_2 \leq C\|g(x)\|_2,$$

(ii) $f(x) = \mathrm{o}(g(x)) :\Longleftrightarrow \lim_{x \to a} \dfrac{\|f(x)\|_2}{\|g(x)\|_2} = 0.$

Bemerkung. Offenbar gilt $f(x) = \mathrm{o}(g(x)) \implies f(x) = \mathrm{O}(g(x))$ für $x \to a$.

Zur Veranschaulichung der Landau-Notation seien $X_1 = X_2 = \mathbb{R}$ mit $\|\cdot\| = |\cdot|$, $a = 0$ und $m \in \mathbb{N}$. **Beispiele IX.9**

$$- \; x^m = \begin{cases} \mathrm{O}(x^k) & \text{für } k = 0, 1, \ldots, m, \\ \mathrm{o}(x^k) & \text{für } k = 0, 1, \ldots, m-1, \end{cases} \text{für } x \to 0.$$

Denn mit $\delta := 1$ und $C := 1$ gilt

$$k \leq m \implies \frac{|x^m|}{|x^k|} = |x|^{\overbrace{m-k}^{\geq 0}} \leq C = 1 \text{ für } 0 < |x| < \delta = 1,$$

$$k < m \implies \frac{|x^m|}{|x^k|} = |x|^{\overbrace{m-k}^{> 0}} \to 0 \qquad \text{für } x \to 0.$$

$- \; P(x) = 1 + x + x^2 + 3x^3 = 1 + x + \mathrm{O}(x^2) = 1 + x + x^2 + \mathrm{o}(x^2), \quad x \to 0.$

Nach Korollar IX.6 gilt $R_n(x) = \mathrm{O}((x - x_0)^{n+1}) = \mathrm{o}((x - x_0)^n), x \to x_0$, also lässt sich die Taylorsche Formel qualitativ schreiben als **Bemerkung IX.10**

$$f(x) = f(x_0) + f'(x_0)(x - x_0) + \cdots + \frac{f^{(n)}(x_0)}{n!}(x - x_0)^n + \begin{cases} \mathrm{O}((x - x_0)^{n+1}), \\ \mathrm{o}((x - x_0)^n). \end{cases}$$

Wir wollen die Restgliedabschätzungen aus Korollar IX.6 jetzt bei unserem anfänglichen Beispiel $\sin(x) \approx x$ für „kleine" x testen:

---

[3] Edmund Landau, * 14. Februar 1877, 19. Februar 1938 in Berlin, deutscher Mathematiker, im Dritten Reich bereits 1933/34 von seiner Professur aus Göttingen vertrieben, machte sich sehr um die analytische Zahlentheorie verdient.

Beispiel IX.11

Betrachte $f(x) = \sin(x)$, $x \in \mathbb{R}$, in $x_0 = 0$. Es gilt für $k \in \mathbb{N}_0$:

$$f^{(2k)}(x) = (-1)^k \sin(x), \quad f^{(2k+1)}(x) = (-1)^k \cos(x), \qquad x \in \mathbb{R}.$$

Damit sind die Taylorpolynome von sin in $x_0 = 0$ gegeben durch

$$P_{2k-1}(x) = P_{2k}(x) = x - \frac{x^3}{3!} + \frac{x^5}{5!} - \cdots + (-1)^{k-1}\frac{x^{2k-1}}{(2k-1)!} = \sum_{l=1}^{k} \frac{(-1)^{l-1}}{(2l-1)!} x^{2l-1}.$$

Die Restglieder $R_n(x) = \sin(x) - P_n(x)$ für $n = 2k - 1, 2k$ können mit Hilfe von $|\sin(x)|, |\cos(x)| \le 1, x \in \mathbb{R}$, nach Korollar IX.6 abgeschätzt werden durch

$$|R_{2k-1}(x)| = |R_{2k}(x)| \le \frac{1}{(2k+1)!}|x|^{2k+1}.$$

Also gilt z.B. für $I = [-0.1, \, 0.1]$:

$$|\sin(x) - x| = |R_1(x)| \le \frac{1}{3!}|x|^3 \le \frac{(0.1)^3}{3!} = 0.000166666\ldots, \quad x \in [-0.1, \, 0.1].$$

Beispiel IX.12

Berechne die Eulersche Zahl e auf 6 Nachkommastellen genau!

Für $f(x) = \exp(x)$, $x \in \mathbb{R}$, gilt für jedes $k \in \mathbb{N}_0$:

$$f^{(k)}(x) = \exp(x), \quad f^{(k)}(0) = 1.$$

Damit sind die Taylorpolynome von exp in 0 gegeben durch

$$P_n(x) = 1 + x + \frac{x^2}{2} + \frac{x^3}{3!} + \cdots + \frac{x^n}{n!} = \sum_{k=0}^{n} \frac{x^n}{k!}. \tag{30.5}$$

Die Restglieder $R_n(x) = \exp(x) - P_n(x)$ schätzt man für $x \in I = [-1, 1]$ mit Korollar IX.6 ab. Da exp streng monoton wächst (Satz VI.44), folgt mit Aufgabe III.1 c):

$$|\exp(x)| \le |\exp(1)| = e = \lim_{n\to\infty} \sum_{k=1}^{n} \frac{1}{k!} \le 3, \quad x \in [-1, 1], \tag{30.6}$$

also folgt

$$|R_n(x)| \le \frac{3}{(n+1)!}|x|^{n+1} \le \frac{3}{(n+1)!}, \quad x \in [-1, 1]. \tag{30.7}$$

Wir benutzen zur analytischen Approximation von $e = \exp(1)$ das Taylorpolynom $P_n(1)$ und als numerische Näherung für $P_n(1)$ eine endliche Dezimalzahl $\widetilde{P}_n(1)$. Gesucht ist also $n \in \mathbb{N}$ so, dass

$$|\exp(1) - \widetilde{P}_n(1)| \le \underbrace{|\exp(1) - P_n(1)|}_{\text{Analysis}} + \underbrace{|P_n(1) - \widetilde{P}_n(1)|}_{\text{Numerik}} \underset{\text{Forderung!}}{\le} 10^{-6}. \tag{30.8}$$

Es ist

$$P_n(1) = 1 + 1 + \frac{1}{2} + \frac{1}{3!} + \cdots + \frac{1}{n!} = \underbrace{\frac{n! + n! + \frac{n!}{2} + \frac{n!}{3!} + \cdots + 1}{n!}}_{\text{Der Zähler dieses Bruches ist in } \mathbb{N}}.$$

Ist $\widetilde{P}_n(1)$ auf 6 Nachkommastellen genau, ist $|P_n(1)-\widetilde{P}_n(1)| < 0.5 \cdot 10^{-6}$ (dazu muss $\widetilde{P}_n(1)$ mindestens 7 Nachkommastellen haben, und die 6. und 7. Stelle dürfen nicht 0 sein; z.B. kann 3.0123400 durch Rundung $3.012339988 \mapsto 3.0123400$ entstehen). Wegen der Abschätzung (30.7) gilt dann (30.8), wenn $n \in \mathbb{N}$ so groß ist, dass auch

$$|R_n(1)| = |\exp(1) - P_n(1)| \leq \frac{3}{(n+1)!} < 0.5 \cdot 10^{-6}.$$

Man prüft leicht nach, dass das kleinste n mit dieser Eigenschaft $n = 10$ ist. Wegen $P_{10}(1) = 2.71828180114$ ist dann $\widetilde{P}_{10}(1) = 2.7182818$ eine auf mindestens 6 (tatsächlich sogar 7) Nachkommastellen genaue Darstellung von e.

Tabelle 30.1: Approximationen von e (auf 10 Stellen gerundet)

n	$y_n = \sum_{k=0}^{n} \frac{1}{k!}$	$x_n = (1 + \frac{1}{n})^n$	e
1	2.0000000000	2.0000000000	
4	2.7083333333	2.4414062500	
5	2.7166666666	2.4883200000	
⋮	⋮	⋮	
10	2.7182818011	2.5937424601	
100	2.7182818284	2.70481382942	2.7182818284590...

Die sehr unterschiedliche Konvergenzgeschwindigkeit der beiden gegen e konvergierenden Folgen $y_n = P_n(1) = \sum_{k=0}^{n} \frac{1}{k!}$ und $x_n = (1+\frac{1}{n})^n$ (vgl. Satz IV.46 und Proposition IV.47) zeigt Tabelle 30.1. Die Folge x_n hat für $n = 100$ erst eine gültige Nachkommastelle.

■ 31
Taylorreihen

Das vorige Beispiel zeigt, dass die Taylorpolynome der Ordnung n von exp in 0 nichts anderes sind als die n-ten Partialsummen der Potenzreihe, die exp definiert:

$$\exp(x) = \sum_{k=0}^{\infty} \frac{x^k}{k!} = \lim_{n \to \infty} P_n(x), \quad x \in \mathbb{R},$$

(siehe (30.5) und Satz IX.1). Gilt dies auch für andere Funktionen?

Ist $I \subset \mathbb{R}$ ein Intervall, $f \in C^{\infty}(I, K)$ und $x_0 \in I$, so heißt **Definition IX.13**

$$T_{f,x_0}(x) := \sum_{k=0}^{\infty} \frac{f^{(k)}(x_0)}{k!} (x - x_0)^k, \quad x \in I,$$

Taylorreihe von f in x_0. Gibt es ein $\delta > 0$ mit $T_{f,x_0}(x) \to f(x), x \in (x_0 - \delta, x_0 + \delta)$, so sagt man, *$f$ besitzt eine Taylorentwicklung in x_0.*

Bemerkung IX.14   *Der Konvergenzradius der Taylorreihe kann 0 sein (Aufgabe IX.4). Auch wenn die Taylorreihe konvergiert, muss sie nicht gegen f konvergieren:*

Beispiel   Für die Funktion

$$f: \mathbb{R} \to \mathbb{R}, \quad f(x) = \begin{cases} \exp\left(-\frac{1}{|x|}\right), & x \neq 0, \\ 0, & x = 0, \end{cases}$$

gilt $f \in C^\infty(\mathbb{R})$ und $f^{(k)}(0) = 0, k \in \mathbb{N}_0$ (Aufgabe VII.3). Damit folgt $T_{f,0}(x) = 0$ für alle $x \in \mathbb{R}$, aber

$$|f(x) - \underbrace{P_n(x)}_{=0}| = \begin{cases} \exp\left(-\frac{1}{|x|}\right) \xrightarrow{n\to\infty} 0, & x \neq 0, \\ 0, & x = 0. \end{cases}$$

Proposition IX.15   *Es seien $I \subset \mathbb{R}$ ein Intervall, $f \in C^\infty(I, \mathbb{C})$, $x_0 \in I$ und $\delta > 0$. Dann gilt für $x \in (x_0 - \delta, x_0 + \delta)$:*

$$T_{f,x_0}(x) \xrightarrow{n\to\infty} f(x) \iff R_n(x) \xrightarrow{n\to\infty} 0.$$

Beweis. Die Behauptung folgt direkt aus der Taylorschen Formel (Satz IX.1) im Grenzwert $n \to \infty$, denn danach gilt:

$$f(x) - \sum_{k=0}^{n} \frac{f^{(k)}(x_0)}{k!} (x - x_0)^k = R_n(x), \quad n \in \mathbb{N}. \qquad \square$$

Proposition IX.16   *Es sei $I \subset \mathbb{R}$ ein Intervall, und $f: I \to \mathbb{C}$ besitze eine Potenzreihenentwicklung in $x_0 \in I$ mit Konvergenzradius R, also*

$$f(x) = \sum_{k=0}^{\infty} a_k(x - x_0)^k, \quad x \in (x_0 - R, x_0 + R), \tag{31.1}$$

mit $a_k \in \mathbb{C}$. Dann stimmt die Potenzreihe mit der Taylorreihe überein, d.h., es gilt

$$a_k = \frac{f^{(k)}(x_0)}{k!}, \quad k \in \mathbb{N}_0.$$

Beweis. Gliedweises Differenzieren der Potenzreihe (31.1) liefert (Korollar VIII.41):

$$f'(x) = \sum_{k=1}^{\infty} k \, a_k(x - x_0)^{k-1},$$

$$\vdots$$

$$f^{(m)}(x) = \sum_{k=m}^{\infty} k \, (k-1) \cdots (k - m + 1) \, a_k \, (x - x_0)^{k-m}, \quad m \in \mathbb{N}.$$

Einsetzen von $x = x_0$ liefert dann $f^{(m)}(x_0) = m! \, a_m, m \in \mathbb{N}_0$. $\qquad \square$

Schon bekannte Taylorreihen sind (Satz V.41 und Aufgabe V.6):　　　　　**Beispiel IX.17**

$$\exp(x) = \sum_{k=0}^{\infty} \frac{x^k}{k!}, \quad \sin(x) = \sum_{k=0}^{\infty}(-1)^k \frac{x^{2k+1}}{(2k+1)!}, \quad \cos(x) = \sum_{k=0}^{\infty}(-1)^k \frac{x^{2k}}{(2k)!}.$$

Logarithmusreihe. *Für $x \in (-1, 1]$ gilt:*　　　　　**Satz IX.18**

$$\ln(1 + x) = \sum_{k=1}^{\infty} \frac{(-1)^{k-1}}{k} x^k.$$

Beweis. Für $x \in (-1, 1)$ liefern Integration und geometrische Reihe (Beispiel V.17):

$$\ln(1 + x) = \Big[\ln(1 + t)\Big]_{t=0}^{t=x} = \int_0^x \frac{1}{1 + t}\, dt = \int_0^x \sum_{k=0}^{\infty}(-1)^k t^k\, dt.$$

Da der Konvergenzradius der geometrischen Reihe 1 ist, dürfen wir nach Korollar VIII.41 gliedweise integrieren und erhalten

$$\ln(1 + x) = \sum_{k=0}^{\infty}(-1)^k \int_0^x t^k\, dt = \sum_{k=0}^{\infty}(-1)^k \frac{x^{k+1}}{k+1} = \sum_{k-1}^{\infty}(-1)^{k-1}\frac{x^k}{k}.$$

Für $x = 1$ folgt Gleichheit aus dem folgenden Abelschen Grenzwertsatz (Satz IX.20), weil die alternierende harmonische Reihe konvergiert (Beispiel V.24). □

Die alternierende harmonische Reihe (Beispiel V.24) hat den Wert　　　　　**Korollar IX.19**

$$\ln(2) = \sum_{k=1}^{\infty} \frac{(-1)^{k-1}}{k} = 1 - \frac{1}{2} + \frac{1}{3} - \frac{1}{4} + \cdots.$$

Abelscher[4] Grenzwertsatz. *Sind $(a_k)_{k \in \mathbb{N}_0} \subset \mathbb{R}$ und $\sum_{k=0}^{\infty} a_k$ konvergent, so kon-*　　**Satz IX.20**
vergiert die Potenzreihe

$$\sum_{k=0}^{\infty} a_k x^k =: f(x) \tag{31.2}$$

für $x \in [0, 1]$ und stellt eine auf $[0, 1]$ stetige Funktion f dar.

Beweis. Nach Voraussetzung und Lemma V.49 ist der Konvergenzradius von (31.2) mindestens 1, also folgt die Behauptung für alle $x \in [0, 1)$ nach Satz VI.13. Da der Punkt $x = 1$ auf dem Rand des Konvergenzkreises liegen kann, ist noch zu zeigen, dass

---

[4]NIELS HENRIK ABEL, ∗ 5. August 1802 auf der Insel Finnøy, 6. April 1829 in Froland, norwegischer Mathematiker, der sich mit elliptischen Integralen beschäftigte und zeigte, dass es für algebraische Gleichungen 5. Ordnung keine Lösungsformel geben kann; der nach ihm benannte Abel-Preis ist der „Nobelpreis der Mathematik" (siehe www.abelprize.no).

$\lim_{x\to 1} f(x) = f(1)$ gilt. Dazu setzen wir

$$r_n := \sum_{k=n+1}^{\infty} a_k, \quad n = -1, 0, 1, \dots.$$

Aus der Definition und der Konvergenz von $\sum_{k=0}^{\infty} a_k$ folgt

$$r_{-1} = f(1), \quad r_n - r_{n-1} = -a_n, \quad \lim_{n\to\infty} r_n = 0.$$

Als Nullfolge ist $(r_n)_{n\in\mathbb{N}}$ insbesondere beschränkt, also existiert ein $K > 0$ mit

$$|r_n| \le K, \quad n = -1, 0, 1 \dots.$$

Da die geometrische Reihe für $|x| < 1$ konvergiert, konvergiert nach dem Majoranten-kriterium (Satz V.36) auch $\sum_{n=0}^{\infty} r_n x^n$ für $|x| < 1$, und für $0 \le x < 1$ ist:

$$(1-x) \sum_{n=0}^{\infty} r_n x^n = \sum_{n=0}^{\infty} r_n x^n - \sum_{n=0}^{\infty} r_n x^{n+1} = \sum_{n=0}^{\infty} r_n x^n - \sum_{n=1}^{\infty} r_{n-1} x^n$$

$$= \sum_{n=0}^{\infty} \overbrace{(r_n - r_{n-1})}^{=-a_n} x^n + \overbrace{r_{-1}}^{=f(1)} = f(1) - \sum_{n=0}^{\infty} a_n x^n = f(1) - f(x).$$

Ist nun $\varepsilon > 0$ beliebig, so gibt es ein $N \in \mathbb{N}$, ohne Einschränkung $N > \frac{\varepsilon}{2K}$, mit

$$\forall\, n \ge N\colon |r_n| < \frac{\varepsilon}{2}.$$

Setze $\delta := \frac{\varepsilon}{2NK}$. Dann gilt für $x \in (1-\delta, 1)$:

$$|f(1) - f(x)| \le \underbrace{(1-x)}_{<\delta} \sum_{n=0}^{N-1} \underbrace{|r_n|}_{\le K} \underbrace{x^n}_{<1} + (1-x) \sum_{n=N}^{\infty} \underbrace{|r_n|\, x^n}_{<\varepsilon/2}$$

$$< \delta N K + \frac{\varepsilon}{2}(1-x) \sum_{n=N}^{\infty} x^n \le \frac{\varepsilon}{2} + \frac{\varepsilon}{2}(1-x) \overbrace{\sum_{n=0}^{\infty} x^n}^{=1/(1-x)} = \varepsilon. \qquad \square$$

Definition IX.21   **Allgemeine Binomialkoeffizienten.** Für $\alpha \in \mathbb{R}$ und $k \in \mathbb{N}_0$ setze

$$\binom{\alpha}{k} := \prod_{l=1}^{k} \frac{\alpha - l + 1}{l}.$$

Bemerkung IX.22   *Der Spezialfall $\alpha = n \in \mathbb{N}_0$ und $k = 0, 1, \dots, n$ ist genau unsere frühere Definition II.13; für $\alpha = n \in \mathbb{N}_0$, und $k \ge n + 1$ ist*

$$\binom{n}{k} = \prod_{l=1}^{k} \frac{n - l + 1}{l} = 0,$$

da im Produkt rechts dann für $l = n + 1$ der Faktor 0 auftritt.

Beispiele IX.23

$$- \binom{\alpha}{0} = 1, \quad \binom{\alpha}{1} = \alpha, \quad \binom{\alpha}{2} = \frac{\alpha(\alpha - 1)}{2}.$$

$$- \binom{-1}{k} = \prod_{l=1}^{k} \frac{-1 - l + 1}{l} = \prod_{l=1}^{k} (-1) = (-1)^k, \quad k \in \mathbb{N}_0.$$

Satz IX.24

Binomische Reihe. *Für $\alpha \in \mathbb{R}$ und $|x| < 1$ gilt:*

$$(1 + x)^\alpha = \sum_{k=0}^{\infty} \binom{\alpha}{k} x^k.$$

Bemerkung. Für $\alpha = n \in \mathbb{N}_0$ ist nach Bemerkung IX.22 die Summe in der binomischen Reihe endlich und reduziert sich auf den binomischen Lehrsatz (Satz II.16).

Beweis von Satz IX.24. Nach obiger Bemerkung ist nur für den Fall $\alpha \notin \mathbb{N}_0$ etwas zu beweisen. Für $f(x) := (1 + x)^\alpha, x \in \mathbb{R}$, und beliebiges $k \in \mathbb{N}_0$ gilt:

$$f^{(k)}(x) = \alpha(\alpha - 1) \cdots (\alpha - k + 1)(1 + x)^{\alpha - k} = k! \binom{\alpha}{k} (1 + x)^{\alpha - k}.$$

Also ist die Taylorreihe von f in 0 gegeben durch

$$T_{f,0}(x) = \sum_{k=0}^{\infty} \frac{f^{(k)}(0)}{k!} x^k = \sum_{k=0}^{\infty} \binom{\alpha}{k} x^k =: \sum_{k=0}^{\infty} a_k x^k.$$

Behauptung 1: $T_{f,0}(x)$ hat Konvergenzradius 1.

Beweis: Wegen $\alpha \notin \mathbb{N}_0$ gilt $a_k \neq 0, k \in \mathbb{N}_0$. Nach der Quotientenformel für den Konvergenzradius R (Proposition V.51 (ii)) folgt für $k \neq 0$:

$$\left| \frac{a_k}{a_{k+1}} \right| = \left| \frac{\binom{\alpha}{k}}{\binom{\alpha}{k+1}} \right| = \frac{|k + 1|}{|\alpha - (k + 1) + 1|} = \frac{1 + \frac{1}{k}}{\left| \frac{\alpha}{k} - 1 \right|} \xrightarrow{k \to \infty} 1 = R.$$

Behauptung 2: $T_{f,0}(x) \to f(x)$ für $|x| < 1$.

Beweis: Nach Proposition IX.15 ist $R_n(x) \to 0, n \to \infty$, zu zeigen. Mit Taylorscher Formel (Satz IX.1) und den oben berechneten Ableitungen von f gilt:

$$R_n(x) = \frac{1}{n!} \int_0^x f^{(n+1)}(t)(x - t)^n \, dt$$

$$= (n + 1) \binom{\alpha}{n + 1} \int_0^x (1 + t)^{\alpha - (n+1)} (x - t)^n \, dt.$$

Wir betrachten den Fall $0 \leq x < 1$; der Fall $-1 < x < 0$ ist zur Übung empfohlen (Aufgabe IX.5). Setze

$$C_x := \max\{1, (1 + x)^\alpha\} \leq \max\{1, 2^\alpha\} =: C.$$

Dann gilt für $0 \leq t \leq x$:

$$0 \leq \underbrace{(1+t)^{\alpha-(n+1)}}_{\geq 1} \leq (1+t)^{\alpha} \leq (1+x)^{\alpha} \leq C_x,$$

also folgt

$$|R_n(x)| \leq (n+1) \left| \binom{\alpha}{n+1} \right| C_x \int_0^x (x-t)^n \, dt \leq C \left| \binom{\alpha}{n+1} \right| x^{n+1}.$$

Nach Behauptung 1 konvergiert $\sum_{n=0}^{\infty} \binom{\alpha}{n+1} x^{n+1}$, also muss $\left(\binom{\alpha}{n+1} x^{n+1} \right)_{n \in \mathbb{N}}$ eine Null-folge sein (Satz V.15), und es folgt $R_n(x) \to 0, n \to \infty$. $\qquad\square$

Beispiele IX.25   Mit Hilfe von Beispiel IX.23 sieht man jeweils für $|x| < 1$:

$$- \; \alpha = -1: \qquad \frac{1}{1+x} = \sum_{k=0}^{\infty} (-1)^k x^k,$$

$$\frac{1}{1-x} = \sum_{k=0}^{\infty} (-1)^k (-x)^k = \sum_{k=0}^{\infty} x^k \; \text{(geometrische Reihe)},$$

$$- \; \alpha = \frac{1}{2}: \qquad \sqrt{1+x} = 1 + \frac{1}{2}x - \frac{1}{8}x^2 + O(x^3),$$

$$- \; \alpha = -\frac{1}{2}: \qquad \frac{1}{\sqrt{1+x}} = 1 - \frac{1}{2}x + \frac{3}{8}x^2 + O(x^3).$$

■ 32
Iterationsverfahren

Im „wirklichen Leben" ist es eher selten, dass man Lösungen von Gleichungen wie etwa Nullstellen explizit ausrechnen kann. Zum Beispiel können wir mit Hilfe des Zwischenwertsatzes zwar zeigen, dass die Funktion (vgl. [2, Abschnitt IV.4])

$$g(x) = x^5 \, e^{|x|} - \frac{1}{\pi} x^2 \sin(\ln(x^2)) + 2012, \quad x \in \mathbb{R} \setminus \{0\},$$

eine Nullstelle hat (finden Sie ein Intervall, wo diese liegen muss!). Wie aber bestimmt man diese Nullstelle, zumindest näherungsweise?

Definition IX.26   Es seien X, Y Mengen, $X \subset Y$ und $f \colon X \to Y$ eine Funktion. Ein Element $a \in X$ heißt *Fixpunkt von f*

$$: \Longleftrightarrow \quad f(a) = a.$$

Bemerkung. Es seien $X = Y = \mathbb{R}$ und $g \colon \mathbb{R} \to \mathbb{R}$ eine Funktion. Definiert man $f(x) := g(x) + x, x \in \mathbb{R}$, so gilt:

$$a \text{ Fixpunkt von } f \iff a \text{ Nullstelle von } g.$$

Methode der sukzessiven Approximation: Es seien (X, d), (Y, d) metrische Räume, $X \subset Y$ und $f \colon X \to Y$ eine Funktion mit $f(X) \subset X$. Definiere die Folge $(x_n)_{n \in \mathbb{N}_0} \subset X$ durch einen Startwert $x_0 \in X$ und rekursiv durch

$$x_{n+1} := f(x_n), \quad n \in \mathbb{N}_0.$$

Frage: Wann konvergiert die Methode der sukzessiven Approximation?

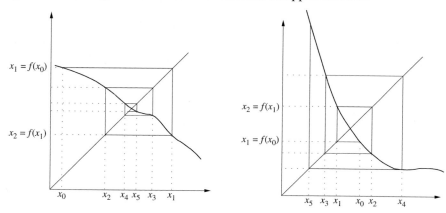

Abb. 32.1: Konvergenz und Divergenz der sukzessiven Approximation

Es seien (X, d_X), (Y, d_Y) metrische Räume. Dann heißt eine Funktion $f \colon X \to Y$ *Kontraktion*

Definition IX.27

$$:\Longleftrightarrow \ \exists \, \kappa \in [0, 1) \ \forall \, x_1, x_2 \in X \colon \ d_Y\big(f(x_1), f(x_2)\big) \ \leq \ \kappa \, d_X(x_1, x_2).$$

(i) Jede Kontraktion ist stetig.

Bemerkung IX.28

(ii) f ist Kontraktion $\Longleftrightarrow$ f ist Lipschitz-stetig mit Lipschitz-Konstante < 1 (siehe Definition VI.3).

(iii) Ist $D_f \subset \mathbb{R}$ ein Intervall und $f \colon D_f \to \mathbb{R}$ differenzierbar, so gilt

$$\sup_{x \in D_f} |f'(x)| < 1 \ \Longrightarrow \ f \text{ Kontraktion.}$$

Beweis. Es seien $x_1, x_2 \in D_f$, ohne Einschränkung $x_1 < x_2$ (der Fall $x_1 = x_2$ ist trivial). Nach dem Mittelwertsatz existiert ein $\xi \in (x_1, x_2)$, so dass

$$\left| \frac{f(x_1) - f(x_2)}{x_1 - x_2} \right| = |f'(\xi)| \leq \overbrace{\sup_{x \in D_f} |f'(x)|}^{=:\kappa} < 1. \qquad \square$$

Banachscher Fixpunktsatz. *Es seien (X, d), (Y, d) vollständige metrische Räume, $X \subset Y$, $f \colon X \to X$ eine Kontraktion mit Konstante κ und $f(X) \subset X$. Dann gilt:*

Satz IX.29

(i) *f hat genau einen Fixpunkt $a \in X$.*

(ii) *Die Folge* $(x_n)_{n \in \mathbb{N}_0} \subset X$, *definiert durch* $x_{n+1} := f(x_n)$, $n \in \mathbb{N}_0$, *konvergiert für jeden Startwert* $x_0 \in X$ *gegen* a.

(iii) *Es gilt die Fehlerabschätzung*

$$d(x_n, a) \overset{(1)}{\leq} \frac{1}{1 - \kappa} d(x_{n+1}, x_n) \overset{(2)}{\leq} \frac{\kappa^n}{1 - \kappa} d(x_1, x_0).$$

Bemerkung IX.30   *Die Voraussetzung* $f(X) \subset X$ *kann entfallen, falls für den Startwert* x_0 *gilt, dass* $f(\{x_n : n \in \mathbb{N}_0\}) \subset X$, *d.h. die Folge* $(x_n)_{n \in \mathbb{N}_0}$ *in* X *bleibt.*

Beweis. Wir zeigen zuerst zwei Behauptungen; die erste ist Ungleichung (2) aus (iii):

Behauptung 1: $d(x_{n+1}, x_n) \leq \kappa^n d(x_1, x_0)$, $n \in \mathbb{N}_0$.

Beweis (durch vollständige Induktion): Der Fall $\underline{n = 0}$ ist offensichtlich.

$\underline{n \rightsquigarrow n + 1}$: Weil f eine Kontraktion ist, gilt nach Definition von $(x_n)_{n \in \mathbb{N}_0}$ und Induktionsvoraussetzung:

$$d(x_{n+2}, x_{n+1}) = d(f(x_{n+1}), f(x_n)) \leq \kappa \, d(x_{n+1}, x_n) \leq \kappa^{n+1} d(x_1, x_0).$$

Behauptung 2: $d(x, y) \leq \dfrac{1}{1 - \kappa} \big(d(x, f(x)) + d(y, f(y)) \big)$, $x, y \in X$.

Beweis: Zweimalige Anwendung der Dreiecksungleichung liefert für $x, y \in X$:

$$d(x, y) \leq d(x, f(x)) + \underbrace{d(f(x), f(y))}_{\leq \kappa \, d(x, y)} + d(f(y), y),$$

also

$$(1 - \kappa) \, d(x, y) \leq d(x, f(x)) + d(y, f(y)).$$

Da $1 - \kappa > 0$, folgt die behauptete Ungleichung.

(i) *Eindeutigkeit des Fixpunkts:* Es seien $x, y \in X$ mit $x = f(x)$, $y = f(y)$. Aus Behauptung 2 folgt $d(x, y) = 0$, also $x = y$.

Existenz des Fixpunkts und (ii): Aus Behauptung 2 mit $x := x_{n+k}$ und $y := x_n$, $n, k \in \mathbb{N}_0$, und mit Behauptung 1 ergibt sich, da $\kappa < 1$:

$$d(x_{n+k}, x_n) \overset{\text{Beh.2}}{\leq} \frac{1}{1 - \kappa} \big(d(x_{n+k}, f(x_{n+k})) + d(x_n, f(x_n)) \big)$$

$$= \frac{1}{1 - \kappa} \big(d(x_{n+k}, x_{n+k+1}) + d(x_n, x_{n+1}) \big)$$

$$\overset{\text{Beh.1}}{\leq} \frac{1}{1 - \kappa} \big(\underbrace{\kappa^{n+k} + \kappa^n}_{\leq \kappa^n} \big) d(x_1, x_0)$$

$$\leq \frac{2\kappa^n}{1 - \kappa} d(x_1, x_0) \longrightarrow 0, \quad n \to \infty.$$

Also ist $(x_n)_{n\in\mathbb{N}}$ eine Cauchy-Folge in X. Da X vollständig ist, existiert der Limes $a := \lim_{n\to\infty} x_n \in X$. Nach Bemerkung IX.28 ist f als Kontraktion stetig, also gilt:

$$\left.\begin{array}{c} \lim_{n\to\infty} f(x_n) = f(a) \\ \lim_{n\to\infty} f(x_n) = \lim_{n\to\infty} x_{n+1} = a \end{array}\right\} \implies f(a) = a.$$

(iii) Zu zeigen ist noch Ungleichung (1). Behauptung 2 mit $x := x_n, y := a$ liefert:

$$d(x_n, a) \leq \frac{1}{1-\kappa}\big(d(x_n, f(x_n)) + \underbrace{d(a, f(a))}_{=0}\big) = \frac{1}{1-\kappa} d(x_n, x_{n+1}). \qquad \square$$

Die Frage, wie „gut" ein Iterationsverfahren konvergiert, ist eine *der* zentralen Fragen der Numerik (siehe z.B. [23]), die wir hier nur streifen:

Bemerkung. Die Methode der sukzessiven Approximation konvergiert linear, d.h., es gilt eine Abschätzung der Form

$$d(x_{n+1}, a) = d(f(x_n), \overbrace{f(a)}^{=a}) \leq \kappa\, d(x_n, a).$$

Newton[5]-Verfahren. Darunter versteht man einen speziellen Fall der Methode der sukzessiven Approximation zur Nullstellenbestimmung (Newtons Originalbeispiel von 1704 war $x^3 - 2x - 5 = 0$). Dabei benutzt man die lineare Approximierbarkeit (Taylorsche Formel mit $n - 1$) für die Konstruktion der approximierenden Folge:

Es seien dazu $a, b \in \mathbb{R}, a < b$, und $g \in C^2([a, b], \mathbb{R})$ mit

- $g'(x) \neq 0, x \in [a, b]$,

- es existiert ein $\xi \in (a, b)$ mit $g(\xi) = 0$.

Dann hat g genau eine Nullstelle in $[a, b]$, denn weil g' stetig ist, ist entweder $g' > 0$ oder $g' < 0$ auf $[a, b]$. Wählt man x_{n+1} als die (eindeutige) Nullstelle des Taylorpolynoms P_1 in x_n,

$$P_1(x) = g(x_n) + g'(x_n)(x - x_n), \quad x \in \mathbb{R},$$

also $x_{n+1} = f(x_n)$ mit

$$f(x) := x - \frac{g(x)}{g'(x)}, \quad x \in [a, b],$$

so ist das Newton-Verfahren die Methode der sukzessiven Approximation. Allerdings muss die Funktion f hier im Allgemeinen keine Kontraktion sein! Es hängt vom Startwert x_0 ab, ob die Folge $(x_n)_{n\in\mathbb{N}_0}$ gegen die Nullstelle ξ konvergiert:

---

[5]Sir Isaac Newton, ∗ 4. Januar 1643 in Woolsthorpe-by-Colsterworth, England, 31. März 1727 in London, englischer Physiker und Mathematiker und einer der größten Wissenschaftler überhaupt, Begründer der Differential- und Integralrechnung in Konkurrenz mit Leibniz und bekannt für seine Entdeckungen in Optik und Gravitation.

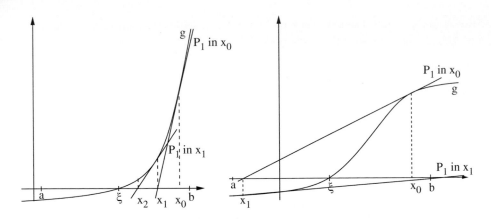

Abb. 32.2: Konvergenz und Divergenz des Newton-Verfahrens

Satz IX.31

Es sei $g \in C^2([a, b], \mathbb{R})$ mit $g'(x) \neq 0$, $x \in [a, b]$, und es existiere ein $\xi \in (a, b)$ mit $g(\xi) = 0$. Dann gibt es ein $\delta > 0$, so dass für jedes $x_0 \in (\xi - \delta, \xi + \delta) = B_\delta(\xi)$ die Folge $(x_n)_{n \in \mathbb{N}_0}$, gegeben durch

$$x_{n+1} := x_n - \frac{g(x_n)}{g'(x_n)}, \quad n \in \mathbb{N}_0, \tag{32.1}$$

gegen die Nullstelle ξ konvergiert.

Lemma IX.32

Es seien $x_0 \in \mathbb{R}$, $r > 0$ und $f: K_r(x_0) = \{x \in \mathbb{R} : |x - x_0| \leq r\} \to \mathbb{R}$ eine Kontraktion mit Konstante κ. Gilt

$$|f(x_0) - x_0| \leq (1 - \kappa)\, r,$$

so hat f genau einen Fixpunkt, und die Methode der sukzessiven Approximation aus Satz IX.29 mit Startwert x_0 konvergiert.

Beweis. Wir wenden den Banachschen Fixpunktsatz (Satz IX.29) und die nachfolgende Bemerkung IX.30 mit $X = K_r(x_0)$, $Y = \mathbb{R}$ an. Dazu ist zu zeigen:

Behauptung 1: $(K_r(x_0), d)$, $d(x, y) := |x - y|$, ist ein vollständiger metrischer Raum.

Beweis: Dazu sei $(y_n)_{n \in \mathbb{N}_0} \subset K_r(x_0)$ eine Cauchy-Folge. Weil $(\mathbb{R}, d)$ vollständig ist, existiert $\eta := \lim_{n \to \infty} y_n \in \mathbb{R}$. Noch zu zeigen ist, dass $\eta \in K_r(x_0)$. Wegen $x_0 - r \leq y_n \leq x_0 + r$ folgt aus Korollar IV.37 sofort

$$x_0 - r \leq \eta = \lim_{n \to \infty} y_n \leq x_0 + r.$$

Behauptung 2: $f\big(\{x_n : n \in \mathbb{N}_0\}\big) \subset K_r(x_0)$.

Beweis: Nach Behauptung 1 aus dem Beweis von Satz IX.29 und mit der geometrischen Summenformel (Satz II.7) ergibt sich:

$$
\begin{aligned}
|f(x_n) - x_0| &= |x_{n+1} - x_0| \\
&\leq |x_{n+1} - x_n| + |x_n - x_{n-1}| + \cdots + |x_2 - x_1| + |x_1 - x_0| \\
&\leq (\kappa^n + \kappa^{n-1} + \cdots + \kappa + 1)|x_1 - x_0| \\
&= \frac{1 - \kappa^{n+1}}{1 - \kappa} \underbrace{|f(x_0) - x_0|}_{\leq (1-\kappa)r \text{ n. Vor.}} \leq (1 - \kappa^{n+1}) r \leq r.
\end{aligned}
$$

Nach Satz IX.29 und Bemerkung IX.30 folgt dann die Behauptung. $\qquad\square$

Beweis von Satz IX.31. Ziel ist es zu zeigen, dass es ein $\delta > 0$ gibt, so dass für alle $x_0 \in (\xi - \delta, \xi + \delta)$ ein $r > 0$ existiert, so dass die Funktion

$$
f(x) := x - \frac{g(x)}{g'(x)}, \quad x \in [a, b],
$$

die Voraussetzungen von Lemma IX.32 erfüllt. Nach Satz VI.37 vom Minimum und Maximum und wegen $g' \neq 0$ existieren Konstanten $C_1, C_2, c > 0$ mit

$$
0 < c \leq |g'(x)| \leq C_1, \quad |g''(x)| \leq C_2, \quad x \in [a, b]. \tag{32.2}
$$

Da $f \in C^1([a, b], \mathbb{R})$ ist, können wir Bemerkung IX.28 (iii) benutzen, um zu zeigen, dass f eine Kontraktion ist. Nach Definition von f und Quotientenregel gilt:

$$
f'(x) = 1 - \frac{g'(x)^2 - g(x)g''(x)}{g'(x)^2} = \frac{g(x)g''(x)}{g'(x)^2}, \quad x \in [a, b].
$$

Damit und mit (32.2) folgt

$$
|f'(x)| \leq \frac{C_2}{c^2} |g(x)|, \quad x \in [a, b].
$$

Mit $g(\xi) = 0$, dem Mittelwertsatz und mit (32.2) ergibt sich

$$
|g(x)| = |g(x) - g(\xi)| \leq C_1 |x - \xi|, \quad x \in [a, b]. \tag{32.3}
$$

Wähle nun $\varepsilon > 0$ so klein, dass

$$
K_\varepsilon(\xi) = [\xi - \varepsilon, \xi + \varepsilon] \subset [a, b] \quad \text{und} \quad \frac{C_1 C_2}{c^2} \varepsilon \leq \frac{1}{2}.
$$

Dann folgt insgesamt

$$
|f'(x)| \leq \frac{C_1 C_2}{c^2} |x - \xi| \leq \frac{C_1 C_2}{c^2} \varepsilon \leq \frac{1}{2}, \quad x \in [\xi - \varepsilon, \xi + \varepsilon].
$$

Nach Bemerkung IX.28 (iii) ist dann f Kontraktion auf $[\xi - \varepsilon, \xi + \varepsilon] = K_\varepsilon(\xi)$ mit Kontraktionskonstante $\kappa = \frac{1}{2}$.

Um Lemma IX.32 anwenden zu können, müssen wir noch $r > 0$ und $\delta > 0$ finden, so dass für alle $x_0 \in B_\delta(\xi)$ gilt $K_r(x_0) \subset K_\varepsilon(\xi)$ und $|f(x_0) - x_0| \leq r/2$.

Setze $r := \frac{\varepsilon}{2}$ und $\delta := \frac{c r}{2 C_1}$. Wegen $0 < c \leq C_1$ ist $\delta \leq \frac{r}{2} = \frac{\varepsilon}{4}$, und für jedes beliebige $x_0 \in B_\delta(\xi)$ und $x \in K_r(x_0)$ folgt:

$$|x - \xi| \leq \underbrace{|x - x_0|}_{\leq r} + \underbrace{|x_0 - \xi|}_{<\delta} < r + \delta \leq \frac{\varepsilon}{2} + \frac{\varepsilon}{4} < \varepsilon,$$

also ist $K_r(x_0) \subset K_\varepsilon(\xi)$. Weiter gilt nach Definition von f für $x_0 \in B_\delta(\xi)$:

$$|f(x_0) - x_0| = \left| \frac{g(x_0)}{g'(x_0)} \right| \overset{(32.3),\,(32.2)}{\leq} \frac{C_1}{c} |x_0 - \xi| \leq \frac{C_1 \delta}{c} = \frac{r}{2}.$$

Insgesamt erfüllt f für jedes $x_0 \in B_\delta(\xi)$ die Voraussetzungen von Lemma IX.32 auf $K_r(x_0)$, also hat f genau einen Fixpunkt $\alpha \in K_r(x_0)$ und $\lim_{n \to \infty} x_n = \alpha$. Da

$$f(x) = x \overset{g'(x) \neq 0}{\Longleftrightarrow} g(x) = 0,$$

gilt $g(\alpha) = 0$. Weil g wegen $g' \neq 0$ auf $[a, b]$ nur eine Nullstelle hat, folgt $\alpha = \xi$. $\square$

Bemerkung. Das Newton-Verfahren konvergiert quadratisch, d.h., es gibt $c > 0$ mit

$$|x_{n+1} - \xi| \leq c \, |x_n - \xi|^2,$$

denn für $n \in \mathbb{N}_0$ existiert nach Satz IX.5 (Lagrangesche Form des Taylorschen Restglieds) ein $\eta_n \in (\xi, x_n)$ bzw. (x_n, ξ), so dass

$$0 = g(\xi) = g(x_n) + g'(x_n)(\xi - x_n) + \frac{g''(\eta_n)}{2}(\xi - x_n)^2.$$

Mit den Bezeichnungen aus dem Beweis von Satz IX.31 folgt dann:

$$|\xi - x_{n+1}| = \left| \xi - \left(x_n - \frac{g(x_n)}{g'(x_n)} \right) \right| = \frac{1}{2} \left| \frac{g''(\eta_n)}{g'(x_n)} \right| |\xi - x_n|^2 \leq \frac{C_2}{2c} |\xi - x_n|^2.$$

Im Spezialfall, dass g konvex oder konkav ist, kann man die Konvergenz der Newton-Iteration aus Satz IX.31 auch direkt zeigen:

Proposition IX.33   *Ist in Satz IX.31 zusätzlich g konvex (bzw. konkav) und $x_0 \in (a, b)$ mit $g(x_0) > 0$ (bzw. $g(x_0) < 0$), so konvergiert die Folge aus (32.1) gegen ξ.*

Beweis. Die Behauptung kann ohne Satz IX.31 gezeigt werden (Aufgabe IX.6)! $\square$

Anwendung. Approximation von Wurzeln $\sqrt[k]{a} = a^{\frac{1}{k}}$ mit $a > 0$, $k \geq 2$:

Nach Definition ist $\sqrt[k]{a}$ die (eindeutige) positive Nullstelle der Funktion

$$g(x) = x^k - a, \quad x \in [0, \infty).$$

Es ist $g \in C^2([0, \infty), \mathbb{R})$ und $g'(x) = k \cdot x^{k-1} > 0$, $x \in (0, \infty)$. Wegen $g(0) = -a < 0$ und $\lim_{x \to \infty} g(x) = \infty$ existieren nach dem Zwischenwertsatz $0 < \alpha < \beta < \infty$ und $\xi \in (\alpha, \beta)$ mit $g(\xi) = 0$. Weiter ist $g''(x) = k(k-1)x^{k-2} > 0$, $x > 0$, also g konvex auf $(0, \infty) \supset [\alpha, \beta]$.

Damit erfüllt g alle Voraussetzungen von Proposition IX.33. Ist also $x_0 > \max\{1, a\}$ und damit $g(x_0) = x_0^k - a > 0$, so konvergiert die Folge $(x_n)_{n \in \mathbb{N}}$ definiert durch

$$x_{n+1} := x_n - \frac{x_n^k - a}{k x_n^{k-1}} = \left(1 - \frac{1}{k}\right) x_n + \frac{a}{k x_n^{k-1}}, \quad n \in \mathbb{N}_0,$$

gegen $\sqrt[k]{a}$ (vgl. Proposition IV.44). Speziell für $k = 2$ konvergiert

$$x_{n+1} = \frac{1}{2}\left(x_n + \frac{a}{x_n}\right), \quad n \in \mathbb{N}_0,$$

gegen $\sqrt{a}$ (vgl. den direkten Beweis in Satz IV.42 und Tabelle 32.2 für $a = 2$).

Tabelle 32.2: Konvergenz der Newton-Iteration gegen $\sqrt{a}$ für $a = 2$

n	x_n	$|\sqrt{2} - x_n|$
0	1	0.41421356237309504880168872421
1	1.5	0.08578643762690495119831127579
2	1.4166666666666666666666666666	0.00245310429357161786497794245
3	1.4142156862745098039215686274	0.00000212390141475511987990324
4	1.4142135623746899106262955788	0.00000000000159486182460685468
5	1.4142135623730950488016896235	0.00000000000000000000000089929
6	1.4142135623730950488016887242	0.00000000000000000000000000000

Übungsaufgaben

IX.1. Zeige die Charakterisierung der Taylorpolynome in Proposition IX.4!

IX.2. Berechne sämtliche Taylorpolynome der Funktionen

a) $f: \mathbb{R} \to \mathbb{R}$, $\quad f(x) = (x^2 - 3x + 1)(x - 2)$ um $x_0 = 2$,

b) $g: \mathbb{R} \to \mathbb{R}$, $\quad g(x) = \sin(x)$ um $x_0 = \frac{\pi}{2}$,

c) $h: \mathbb{R} \to \mathbb{R}$, $\quad h(x) = 1 - \frac{2}{\exp(2x) + 1}$ um $x_0 = 0$,

d) $\tanh: \mathbb{R} \to \mathbb{R}$, $\quad \tanh(x) = \frac{\sinh(x)}{\cosh(x)}$ um $x_0 = 0$;

was folgt aus c) und d)?

IX.3. Betrachte die drei Funktionen

$$f_1(x) = \ln(\cos(x)), \quad f_2(x) = \cosh(x), \quad f_3(x) = \frac{x^2}{2},$$

auf ihren Definitionsbereichen. Zeige

$$\left| f_1(x) - f_2(x) \right| \le \frac{2}{3} |x|^3, \quad x \in \left[-\frac{\pi}{4}, \frac{\pi}{4} \right]$$

und finde eine analoge Abschätzung für die Differenz von f_2 und f_3. Einer der Graphen der drei Funktionen hat die Form einer (frei hängenden) Kettenlinie. Plotte die drei Graphen und rate welcher!

IX.4. Zeige, dass die Funktion

$$g : \mathbb{R} \to \mathbb{R}, \quad g(x) = \sum_{k=0}^{\infty} \frac{\cos(k^2 x)}{2^k},$$

beliebig oft differenzierbar ist und ihre Taylorreihe in $x_0 = 0$ nur in 0 konvergiert.

IX.5. Zeige, dass die Taylorreihe $T_{f,0}(x)$ von $f(x) = \dfrac{1}{(1+x)^\alpha}$ für $\alpha \notin \mathbb{N}_0$ auch für $-1 < x < 0$ gegen $f(x)$ konvergiert.

IX.6. Zeige die Konvergenz der Newton-Iteration in Proposition IX.33 für den Fall einer konvexen Funktion g direkt!

Literaturverzeichnis

[1] AIGNER, M. und E. BEHRENDS: *Alles Mathematik. Von Pythagoras zum CD-Player.* Vieweg+Teubner, Wiesbaden, 3. Auflage, 2008.

[2] AMANN, H. und J. ESCHER: *Analysis I.* Grundstudium Mathematik. Birkhäuser, Basel, 3. Auflage, 2006.

[3] AMANN, H. und J. ESCHER: *Analysis II.* Grundstudium Mathematik. Birkhäuser, Basel, 2. Auflage, 2006.

[4] APPELL, J.: *Analysis in Beispielen und Gegenbeispielen. Eine Einführung in die Theorie reeller Funktionen.* Springer-Lehrbuch. Springer, Berlin, 2009.

[5] AIGNER, M. und G. M. ZIEGLER: *Proofs from The Book.* Springer, Berlin, 4th ed., 2010.

[6] BRANDT, S. und H. D. DAHMEN: *Elektrodynamik. Eine Einführung in Experiment und Theorie.* Springer, Berlin, 4. Auflage, 2005.

[7] *Berufs- und Karriere-Planer Mathematik. Schlüsselqualifikation für Technik, Wirtschaft und IT.* Vieweg+Teubner, 4. Auflage, 2008.

[8] BROKATE, M. und G. KERSTING: *Maß und Integral.* Mathematik Kompakt. Birkhäuser, Basel, 2009.

[9] BRONSTEIN, I. N., K. A. SEMENDJAJEW, G. MUSIOL und H. MÜHLIG: *Taschenbuch der Mathematik.* Harri Deutsch, Frankfurt a. M., 7. Auflage, 2008. Mit CD-ROM.

[10] EBBINGHAUS, H.-D., H. HERMES, F. HIRZEBRUCH, M. KOECHER, K. MAINZER, A. PRESTEL und R. REMMERT: *Zahlen.* Grundwissen Mathematik 1. Springer, Berlin, 1983.

[11] FREITAG, E. und R. BUSAM: *Funktionentheorie.* Springer-Lehrbuch. Springer, Berlin, 4. Auflage, 1993.

[12] FISCHER, G.: *Lineare Algebra. Eine Einführung für Studienanfänger.* Grundkurs Mathematik. Vieweg, Wiesbaden, 16. Auflage, 2008.

[13] FISCHER, H. und H. KAUL: *Mathematik für Physiker. Band 1: Grundkurs.* Studienbücher. B.G. Teubner, Stuttgart, 2. Auflage, 1990.

[14] FORSTER, O.: *Analysis 1.* Grundkurs Mathematik. Vieweg, Braunschweig, 8. Auflage, 2006.

[15] Forster, O. und R. Wessoly: *Übungsbuch zur Analysis 1*. Grundkurs Mathematik. Vieweg, Braunschweig, 3. Auflage, 2006.

[16] Hesse, C.: *Warum Mathematik glücklich macht. 151 verblüffende Geschichten*. C.H. Beck, München, 3. Auflage, 2011.

[17] Heuser, H.: *Lehrbuch der Analysis. Teil 1*. Studium. Vieweg + Teubner, Wiesbaden, 17. Auflage, 2009.

[18] Kaballo, W.: *Einführung in die Analysis I*. Spektrum Akademischer Verlag, Heidelberg, 2. Auflage, 2000.

[19] Königsberger, K.: *Analysis 1*. Springer-Lehrbuch. Springer, Berlin, 6. Auflage, 2000.

[20] *The MacTutor History of Mathematics archive*, Online; abgerufen 2012. www-groups.dcs.st-and.ac.uk/ history/.

[21] Meyberg, K. und P. Vachenauer: *Höhere Mathematik 1. Differential- und Integralrechnung. Vektor- und Matrizenrechnung*. Springer-Lehrbuch. Springer, Berlin, 6. Auflage, 2001. Mit CD-ROM.

[22] Neunzert, H., W. G. Eschmann, A. Blickensdörfer-Ehlers und K. Schelkes: *Analysis 1. Ein Lehr- und Arbeitsbuch für Studienanfänger*. Springer-Lehrbuch. Springer, Berlin, 3. Auflage, 1996.

[23] Quarteroni, A., R. Sacco, F. Saleri und L. Tobiska: *Numerische Mathematik 1*. Springer-Lehrbuch. Springer, Berlin, 2002.

[24] Rudin, W.: *Reelle und komplexe Analysis*. R. Oldenbourg, München, 1999.

[25] Shilov, G. E.: *Elementary real and complex analysis*. Dover Publications Inc., Mineola, NY, 1996.

[26] Sonar, T.: *3000 Jahre Analysis. Geschichte, Kulturen, Menschen. Vom Zählstein zum Computer*. Springer, Berlin, 2011.

[27] Stroth, G.: *Elementare Algebra und Zahlentheorie*. Mathematik Kompakt. Birkhäuser, Basel, 2012.

[28] Tretter, C.: *Analysis II*. Mathematik Kompakt. Birkhäuser, Basel, 2012.

[29] Walter, W.: *Analysis 1*. Springer-Lehrbuch. Springer, Berlin, 7. Auflage, 2004.

[30] Ziegler, M.: *Mathematische Logik*. Mathematik Kompakt. Birkhäuser, Basel, 2010.

Index

Printed in the United States
By Bookmasters